Schnittpunkt **5**

Training Klassenarbeiten

erarbeitet von
Berthold Grimm

Ernst Klett Verlag
Stuttgart · Leipzig

Bildnachweis:
U1 Mauritius Images GmbH; **26.1** Shutter Stock; **33.1** dpa Picture-Alliance GmbH

1. Auflage 1 5 4 3 2 1 | 2015 14 13 12 11

Alle Drucke dieser Auflage sind unverändert und können im Unterricht nebeneinander verwendet werden.
Die letzte Zahl bezeichnet das Jahr des Druckes.

Autoren: Berthold Grimm, Billerbeck
Mitwirkung: Heinz Peisch, Langenbrettach

Redaktion: Annette Thomas, Nicole Ehmann

Illustrationen: Uwe Alfer, Waldbreitbach; media office gmbh, Kornwestheim
Satz: Imprint, Zusmarshausen
Reproduktion: Meyle + Müller, Medien-Management, Pforzheim
Druck: Medienhaus Plump, Rheinbreitbach

Printed in Germany
ISBN 978-3-12-740450-0

9 783127 404500

Inhalt

Dinge, die wir lernen müssen, bevor wir sie tun können,
lernen wir, indem wir sie tun.

Aristoteles

Liebe Schülerin, lieber Schüler,

diese Sammlung von Mathematik-Arbeiten wird dir helfen, dich zielgerichtet auf bevorstehende Mathematik-Klassenarbeiten vorzubereiten.

Vermutlich hast du dich bisher schon mithilfe deines Mathematikbuches und deines Hefts auf Klassenarbeiten vorbereitet. Das solltest du auch zukünftig tun. Dein neues Trainingsbuch bietet dir weitere Möglichkeiten der Vorbereitung, insbesondere das Üben mit realistisch gestellten Klassenarbeiten.

Willst du für eine bevorstehende Klassenarbeit üben, so suchst du im Inhaltsverzeichnis das entsprechende Kapitel heraus. Zu jedem Thema findest du vier Übungsarbeiten. Anhand der ausführlichen Lösungen kannst du dich kontrollieren und deine Leistung bewerten.
Die zwei Jahrgangsarbeiten am Ende des Buches dienen der Überprüfung des Gelernten am Schuljahresende.

Folgende Seiten und Abschnitte helfen dir beim Lösen und Verstehen der Klassenarbeiten:
Pinboard – Jedes Kapitel beginnt mit einer Doppelseite Pinboard. Hier kannst du die wichtigsten mathematischen Sachverhalte nachlesen. Die richtige Anwendung der Inhalte und Regeln wird dir in Beispielen vorgeführt.
Bist du sicher? – Mit den einfachen Aufgaben in Bist du sicher? kannst du ausprobieren, ob du den Stoff des Kapitels verstanden hast. Die Lösungen dazu findest du im Lösungsteil ganz am Ende des Buches. Diesen Kurztest solltest du vor der ersten Klassenarbeit bearbeiten.
Tipps – Die ersten beiden Klassenarbeiten eines Kapitels enthalten Tipps zu den gestellten Aufgaben. Diese Tipps kannst du nutzen, wenn du Probleme hast, die Lösung zu finden.
Lösungen – Im Lösungsteil werden nicht nur die Lösungen angegeben, sondern es wird der komplette Lösungsweg dokumentiert. Außerdem werden in *kursiver Schrift* auch Erklärungen angeboten, Denkanstöße formuliert und alternative Lösungen dargestellt. Wenn du eine Teilaufgabe nicht gelöst hast, kannst du diese kursiven Texte als Lernhilfe nutzen, um nun vielleicht doch noch die Aufgabe selbstständig zu Ende zu führen.

Alle Arbeiten in diesem Buch sind für eine Arbeitszeit von 45 Minuten gedacht.

Bevor du dich an die Arbeit machst, lies bitte in aller Ruhe die nächsten Seiten durch. Dort findest du weitere Hinweise, wie du erfolgreich mit diesem Buch arbeiten kannst.

Wenn du Anregungen und Wünsche hast oder gar Fehler findest, so lass uns dies wissen, damit diese gegebenenfalls in späteren Auflagen berücksichtigt werden können.

Wir wünschen dir beim Arbeiten mit dieser Aufgabensammlung Freude und viel Erfolg!

Es werden mehr Menschen durch Übung tüchtig, als durch Naturanlage.

Demokrit

Sehr geehrte Eltern,

die vorliegende Sammlung von Klassenarbeiten soll Ihrem Kind die Vorbereitung auf Mathematik-Klassenarbeiten erleichtern.

Dieses Trainingsbuch will den oft geäußerten Wunsch nach realistischen Übungsarbeiten bedienen. Die vier zu jedem der sieben Gebiete bereitgestellten Klassenarbeiten sind so konzipiert, dass sie Ihrem Kind angemessenes Trainingsmaterial bieten. Lücken oder Ungenauigkeiten können anhand ausführlicher Musterlösungen festgestellt werden. Damit lässt sich der Leistungsstand Ihres Kindes einschätzen. Erkannte Lücken können auf dieser Basis noch vor der Klassenarbeit geschlossen werden. Wer weiß, was er (noch) nicht weiß bzw. nicht genau genug weiß, hat schon einen großen Lernschritt nach vorne gemacht.

Ermuntern Sie Ihr Kind dazu, regelmäßig zu lernen. Eine gute Vorbereitung beginnt nicht erst wenige Tage vor der Klassenarbeit. Damit Ihr Kind ungestört 45 Minuten lang an einer Übungsarbeit trainieren kann, sollten Sie dafür sorgen, dass ein ruhiger und gut beleuchteter Arbeitsplatz zur Verfügung steht.

Freuen Sie sich mit Ihrem Kind über seine Lernerfolge, sprechen Sie aber auch offen über auftretende Schwierigkeiten. Sie können zusammen mit Ihrem Kind überlegen, welche Arbeits- und Lernmethoden hilfreich sein könnten und ihm dabei helfen, diese auszuprobieren. Weitere Anregungen erhalten Sie auch im Gespräch mit der Lehrerin bzw. dem Lehrer Ihres Kindes. Ermutigen Sie Ihr Kind und loben Sie die Anstrengungen, die es unternimmt, um sich auf eine Klassenarbeit vorzubereiten oder schwierige Gebiete zu erschließen.

Wenn diese Aufgabensammlung als Ergänzung zum Unterricht und Erweiterung des Lehrbuchs konsequent durchgearbeitet wird, sollte der Erfolg nicht ausbleiben und die Anstrengung Ihres Kindes wird sich in besseren Noten niederschlagen.

Wie du dich mit diesem Buch auf eine Klassenarbeit vorbereiten kannst!

Vorbereitung

Kläre das Thema der nächsten Klassenarbeit (Lehrerin bzw. Lehrer fragen)!
Welches Lehrbuchkapitel, welche Seitenzahlen, welche Aufgaben?

Lies die Seiten „Pinboard“ genau durch.
Teste dich mit den Aufgaben in „Bist du sicher?“

Diese Seiten sind zum Aufwärmen gedacht.
Hier findest du alle wichtigen Informationen für das betreffende Kapitel.
Achte auf die Beispiele!
Nutze die Testaufgaben und deren Lösungen.

War der Test leicht für dich?

Kläre, was dir noch Schwierigkeiten macht.
Frage deine Lehrerin oder deinen Lehrer, wenn du nicht weiter weißt.

Suche dir einen ruhigen und hellen Arbeitsplatz.
Richte alle Arbeitsmaterialien einsatzbereit her.

Klassenarbeit

Du hast 45 Minuten Arbeitszeit.
Lies die ausgewählte Klassenarbeit genau durch und bearbeite diese.
Beachte die Tipps!

Schreibe Uhrzeiten zum Arbeitsbeginn und Arbeitsende oben auf das Blatt. Trage die Lösungen in ein Heft ein. Keine Schmierzettel!
Schreibe sauber und übersichtlich.
Denke auch an Antwortsätze!

Jetzt kannst du eine Pause machen.

Verbesserung

Korrigiere deine Lösung anhand der Lösungsvorschläge.

Schreibe mit roter Farbe „r“ oder „f“ an die Zwischenergebnisse. Gib dir die entsprechenden Verrechnungspunktezahlen.
Ziehe für Rechenfehler einen Punkt, für Schreibfehler einen halben Punkt ab.
Kontrolliere auch Zwischenschritte, nicht nur Endergebnisse!

Benote deine Leistung.
Fülle den Arbeitsbericht auf Seite 10 bzw. 11 aus.

Versuche bei Unklarheiten, die angegebenen Lösungen zu verstehen.

Achte auch auf die Lerntipps bei manchen Klassenarbeiten oder Lösungen!
Die Lösungen zu jedem Kapitel enthalten kursiv geschrieben zusätzliche Hilfestellungen: Lösungshinweise, Denkanstöße, alternative Lösungen, usw.

Du hast lange gearbeitet. Jetzt hast du eine Belohnung verdient.

Lernen für die Klassenarbeit

Aufwärmen!

In kaum einem anderen Fach kann man seine Erfolge so gut planen wie in Mathematik. Man muss nicht begabt sein, um Mathematikunterricht erfolgreich zu bewältigen. Ein großer Teil der Aufgaben erfordert nämlich lediglich das Anwenden von Routinetechniken. Diese Techniken kann man lernen und einüben, so wie auch der Sportler oder der Musiker seine Bewegungsabläufe immer wieder trainieren und dabei optimieren muss. Der andere Teil der Aufgaben macht es nötig zu erkennen, wo und wie welche Techniken erfolgversprechend angewendet werden können, und diese dann sachgerecht zu nutzen. Dies ist nicht immer ganz einfach, fällt jedoch zunehmend leichter, wenn man über das technische Repertoire sicher verfügt.

Natürlich sollte man schnell und vor allem sicher rechnen können. Die Rechengesetze (Verbindungsgesetz und Vertauschungsgesetz für die Addition bzw. die Multiplikation und das Verteilungsgesetz) kann man einsehen und daher leicht lernen. Überschlagsrechnungen können helfen, grobe Rechenfehler zu entdecken. So hat man schon eine sehr gute Grundlage im rechentechnischen Bereich.

Die wichtigsten Rechengesetze, Regeln und Formeln, die du bisher kennen gelernt hast, passen auf zwei bis drei Heftseiten. Prüfe dies nach, indem du diese Grundlagen aus der Arithmetik und Algebra mithilfe deiner Schulbücher und Schulhefte für dich zusammenstellst!

Ein wichtiger Bereich ist in der 5. Klasse der Umgang mit Größen. Du wirst in den folgenden Schuljahren immer wieder Sachaufgaben lösen müssen, die sich mit Größen befassen. Eigne dir auch in diesem Bereich eine gute Grundlage an, damit du schnell und sicher darauf zurückgreifen kannst. Ein Merkheft kann dafür sehr dienlich sein.

Im Bereich der Geometrie ist es nützlich, die üblichen Bezeichnungen für die vorkommenden geometrischen Objekte Punkt, Strecke, Gerade, Winkel, Kreis zu kennen. Wenn du diese Objekte mit dem Geodreieck sauber zeichnen kannst, wenn du also auch dein Handwerkszeug im wörtlichen Sinne gut im Griff hast, bist du im technischen Bereich der Geometrie auf dem Laufenden.

Eine Erweiterung des Geometrieverständnisses erfolgt durch das Kennenlernen verschiedener Flächen und Körper. Die werden genau betrachtet und ihre Unterschiede festgestellt. Das Zeichnen der Figuren und Körper schult das Raumverständnis und wird später folgenden Sachaufgaben von Nutzen sein. Durch das Herstellen von Körpern wird mit Sicherheit dein geometrisches Verständnis noch mehr vertieft.

Du wirst in diesem Schuljahr nicht nur den Zahlenraum bis zum Unendlichen erweitern, sondern auch ganz neue Zahlen, die Bruchzahlen, kennenlernen. Man kann sie häufig im Alltag wiederfinden.

In Kondition bringen!

Arbeite allein, wenn es darum geht, bereits gelernte Inhalte nur zu wiederholen. Auch wenn du einen neuen Stoff anhand eines Lehrbuchtextes erarbeiten willst, ist es meist zweckmäßig, zuerst allein zu lernen. Komplizierte Arbeitsschritte oder Denkprozesse, die deine volle Konzentration verlangen, bei denen also die kleinste Ablenkung störend wäre, werden ebenfalls besser in Einzelarbeit erledigt.

Arbeite mit einem Partner oder einer Partnerin zusammen, wenn es z. B. darum geht, Lücken im Stoff zu füllen. Ihr könnt euch dabei gegenseitig kontrollieren und über eure Vorgehensweisen und Lösungswege diskutieren. Dies gelingt umso besser, je gleichwertiger die beiden Partner sind. Allerdings muss das „Betriebsklima" stimmen. Ihr müsst euch insbesondere über eines einig sein: Wenn gelernt wird, wird gelernt. Sonst nichts!

Wenn es darum geht, umfangreichere Inhalte zusammenzufassen oder neu zu strukturieren, kann das Zusammenarbeiten mit mehreren in einer Gruppe hilfreich sein. Vielleicht entwerft ihr euch auch gegenseitig Testaufgaben, wie ihr sie in der Klassenarbeit erwartet.

Es ist offenkundig, dass eine hohe Konzentration im Unterricht und eine sorgfältige Erledigung der Hausaufgaben eine gute Vorbereitung auf eine Klassenarbeit darstellen. Achte darauf, dass du mit deiner Heftführung auf dem laufenden bist und deine Hefteintragungen sauber, übersichtlich und gut strukturiert sind, damit du auch wirklich damit lernen kannst. Arbeite die behandelten Beispiele noch einmal gründlich durch. Mache dir die verschiedenen Schritte der Lösung klar. Bearbeite ein ähnliches Beispiel selbstständig. Welches waren deine typischen Fehler? Leichtsinnsfehler? Systematischer Fehler? Noch ist Zeit, etwas dagegen zu tun.

Anwenden!

Die erste Klassenarbeit ist die leichteste und enthält einige Lerntipps. Die zweite und dritte Klassenarbeit sind schon etwas schwieriger, enthalten aber auch noch Lerntipps. Die Krönung ist die vierte Klassenarbeit, da du ohne Lerntipps auskommen musst. Wenn du diese sicher schaffst, bist du fit für die Klassenarbeit in der Schule.

In der Regel sind die ersten Aufgaben der Klassenarbeit die einfachsten. Daher gilt: Fang vorne an! Damit kannst du dich „warmlaufen". Die erfolgreiche Bewältigung der ersten Aufgaben gibt dir Sicherheit.

Arbeite nicht blind drauflos! Mache dir die Aufgabenstellung klar, lies den Text gegebenenfalls auch mehrmals, unterstreiche wichtige Passagen, fertige – wenn möglich oder nötig – eine saubere Zeichnung an. Tu nur das, was der Aufgabentext von dir verlangt. Achte auf Schlüsselwörter in den Fragestellungen: „Berechne …", „Gib an …", „Überprüfe …", „Beschreibe …", „Beurteile …", „Zeichne …", „Zeige …".

Überlege, ob dir eine ähnliche Fragestellung schon einmal begegnet ist und, wenn dies der Fall sein sollte, wie du damals vorgegangen bist. Dies fällt dir leichter, wenn du wichtige, häufig wiederkehrende Vorgehensweisen stichwortartig gelernt hast. Arbeite zügig, aber nicht hektisch!

Komplexere Fragestellungen lassen sich meist in Einzelschritte zerlegen. Mache einen schriftlichen Plan, welche Schritte du nacheinander erledigen willst. Arbeite die festgelegten Schritte nacheinander ab und prüfe, ob dir klar ist, warum du so vorgehst. Kontrolliere dabei immer wieder die Richtigkeit der Vorgehensweise (durch das Einsetzen einfacher Zahlen, durch eine Überschlagsrechnung, durch Nachmessen in einer Figur).

Wenn gar nichts mehr geht, hilft eine kleine Pause. Nicht die Nerven verlieren! Vielleicht kommst du mit einer anderen Aufgabe besser klar? Bearbeite zuerst diese und komme später auf die zurückgestellte Aufgabe zurück.

Dein Arbeitsplan

In der untenstehenden Tabelle kannst du eintragen, wann du die jeweilige Klassenarbeit bearbeitet hast, wie viele Verrechnungspunkte du dabei erreichen konntest und welcher Note dies entsprechen würde. Für die Umrechnung von Verrechnungspunkten in eine Note gilt:

Verrechnungspunkte (VP)	0–4	5–6	7–8	9–10	11–12	13–14	15–16	17–18	19–20	21–22	23–24
Note	6	5–6	5	4–5	4	3–4	3	2–3	2	1–2	1

Bei halben Verrechnungspunkten darfst du auf die nächste volle Punktzahl aufrunden. Wenn du also 18,5 Verrechnungspunkte erreicht hast, gibst du dir die Note 2.

An manchen Aufgaben findest du einen Stern*. Hierbei handelt es sich um Themen, die vom Kernlehrplan nicht eingefordert werden. Deshalb kann es sein, dass dein Lehrer oder deine Lehrerin dieses Thema nicht in der Klasse behandelt hat und du somit diese Aufgabe auch nicht lösen kannst.
In diesem Fall kannst du die Aufgabe weglassen. Um dennoch deine Leistungen mit der Tabelle auf Seite 10 beurteilen zu können, rechnest du die volle Punktzahl dieser Aufgabe zu deiner erreichten Punktzahl hinzu.

Wenn dir nicht alle Lösungen gelungen sind, dann solltest du sorgfältig die Aufgabennummern vermerken, bei denen Unklarheiten aufgetreten sind. Versuche diese Fragen dann mithilfe des Lehrbuchs, deines Heftes oder auch deiner Mitschüler rasch zu klären. In Zweifelsfällen kannst du deine Lehrerin oder deinen Lehrer fragen.

Mit der Tabelle behältst du den Überblick: Wo sind offene Fragen? Welche Arbeiten kannst du noch schreiben? Was ist geklärt und verstanden?

Übungsarbeit	Tag der Bearbeitung	Ergebnis in VP	Note	Unklarheiten bei folgenden Aufgaben	Unklarheiten geklärt?
Beispiel	18.11.11	20	2	Nr. 2a, Nr. 2b	Ja, 22.11.11
Natürliche Zahlen					
Klassenarbeit 1.1					
Klassenarbeit 1.2					
Klassenarbeit 1.3					
Klassenarbeit 1.4					
Addieren und Subtrahieren					
Klassenarbeit 2.1					
Klassenarbeit 2.2					
Klassenarbeit 2.3					
Klassenarbeit 2.4					

Übungsarbeit	Tag der Bearbeitung	Ergebnis in VP	Note	Unklarheiten bei folgenden Aufgaben	Unklarheiten geklärt?
Multiplizieren und Dividieren					
Klassenarbeit 3.1					
Klassenarbeit 3.2					
Klassenarbeit 3.3					
Klassenarbeit 3.4					
Geometrie					
Klassenarbeit 4.1					
Klassenarbeit 4.2					
Klassenarbeit 4.3					
Klassenarbeit 4.4					
Flächen und Körper					
Klassenarbeit 5.1					
Klassenarbeit 5.2					
Klassenarbeit 5.3					
Klassenarbeit 5.4					
Größen					
Klassenarbeit 6.1					
Klassenarbeit 6.2					
Klassenarbeit 6.3					
Klassenarbeit 6.4					
Brüche					
Klassenarbeit 7.1					
Klassenarbeit 7.2					
Klassenarbeit 7.3					
Klassenarbeit 7.4					
Jahrgangsarbeiten					
Jahrgangsarbeit 1					
Jahrgangsarbeit 2					

Pinboard – Natürliche Zahlen

Strichlisten und Diagramme

Beispiele

Zahlen lassen sich mithilfe von **Strichlisten** oder **Diagrammen** übersichtlich darstellen.

Die Strichliste beschreibt die Zahl 12.

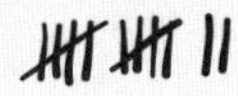

Säulen-, **Balken-** oder **Bilddiagramme** findet man sehr oft in Zeitungen und im Fernsehen.

Säulendiagramm:

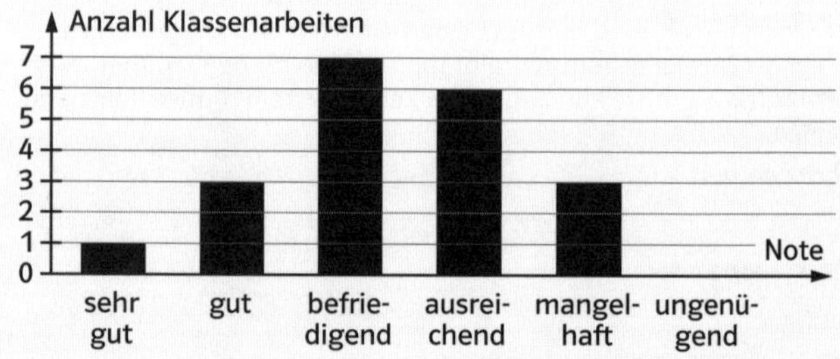

Zahlenstrahl und Anordnung

Die Zahlen 0; 1; 2; 3; … heißen **natürliche Zahlen**. Sie werden auf dem Zahlenstrahl angeordnet.

Die Zahlen 598 bis 605 sind auf einem geeigneten Zahlenstrahl eingetragen.

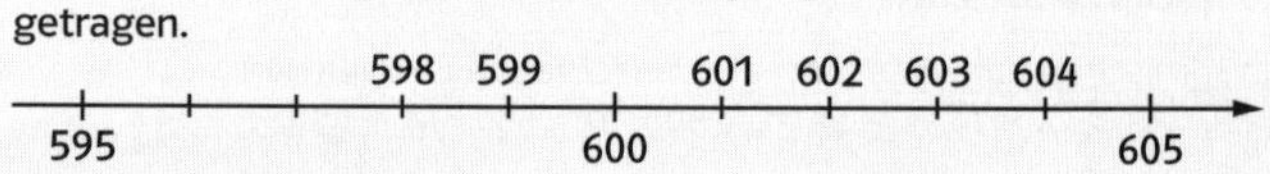

599 < 602, 603 > 598

Man benutzt die mathematischen Symbole < (kleiner) oder > (größer), um anzuzeigen, welche Zahl kleiner oder größer ist.

Große Zahlen

Beispiele

Zahlen werden im **Zehnersystem** dargestellt. Die Ziffern der Zahl, von rechts nach links gelesen, geben die Anzahl der Einer, Zehner, Hunderter usw. an, aus denen die Zahl zusammengesetzt ist.
Der Wert einer Ziffer hängt somit von ihrer Stellung in der Zahl ab. Man spricht deshalb von einem **Stellenwertsystem**.
Im Zehnersystem vervielfacht sich der Stellenwert von rechts nach links mit der Zahl 10.
Die **Stellenwerttafel** erleichtert das Lesen einer Zahl.

27 440 356 = 2ZM 7M 4HT 4ZT 0T 3H 5Z 6E
oder in der Stellenwerttafel

ZM	M	HT	ZT	T	H	Z	E
2	7	4	4	0	3	5	6

Beachte: Zahlwörter unter einer Million werden klein und zusammen geschrieben.
Zahlen über eine Million schreibt man getrennt.

35 708: fünfunddreißigtausendsiebenhundertacht

43 510 760: dreiundvierzig Millionen fünfhundertzehntausendsiebenhundertsechzig

Runden und Darstellen großer Zahlen

Wennn rechts neben der Rundungsstelle eine Ziffer kleiner als 5 steht, wird **abgerundet**.
Steht rechts neben der Rundungsstelle die 5 oder eine größere Ziffer, wird **aufgerundet**.

a) Runde 78 243 auf Tausender.
Die Ziffer an der Rundungsstelle ist 8. Rechts daneben steht die Ziffer 2. Daher wird abgerundet auf 78 000.
b) Runde 223 998 auf Hunderter.
Die Ziffer an der Rundungsstelle ist 9. Rechts daneben steht die Ziffer 9. Daher wird aufgerundet auf 224 000.

Um größere Zahlen in Diagrammen darstellen zu können, werden sie gerundet.

Die längsten Flüsse der Welt

Amazonas	6513 km ≈ 6500 km
Nil	6324 km ≈ 6300 km
Mississippi	6051 km ≈ 6100 km
Jangtsekiang	5632 km ≈ 5600 km

Andere Stellenwertsysteme*

Neben dem Zehnersystem gibt es noch weitere Stellenwertsysteme. Computer arbeiten im Zweiersystem.
Beim Zweiersystem haben die Stellen den Wert 1, 2, 4, 8, 16, usw. (Stufenzahlen).
Das heißt, dass je zwei Einer zu einem Zweier, zwei Zweier zu einem Vierer, zwei Vierer zu einem Achter gebündelt werden usw.
Im Zweiersystem sind nur die beiden Ziffern 0 und 1 erforderlich.
Zahlen im Zweiersystem schreibt man in eine runde Klammer mit dem Index 2, um sie von Zahlen im Zehnersystem unterscheiden zu können.

Beispiele

$(10)_2$ = 1 Zweier + 0 Einer = $1 \cdot 2 = 2$
$(11)_2$ = 1 Zweier + 1 Einer = $1 \cdot 2 + 1 \cdot 1 = 3$
$(101)_2$ = 1 Vierer + 1 Einer = $1 \cdot 4 + 1 \cdot 1 = 5$
$(110\,000)_2 = 1 \cdot 32 + 1 \cdot 16 = 48$

· 2 · 2 · 2

8er	4er	2er	1er	Zahl
			1	1
		1	0	2
		1	1	3
	1	0	0	4
	1	0	1	5
	1	1	0	6
	1	1	1	7
1	0	0	0	8

$(1\ 0\ 0\ 0)_2 = 8$

Römische Zahlzeichen*

Im römischen Zahlensystem gibt es folgende Zahlzeichen:
I = 1, V = 5, X = 10, L = 50, C = 100, D = 500, M = 1000

Regeln für das Schreiben von Zahlen mithilfe römischer Zahlzeichen:
1. Steht ein Zahlzeichen rechts neben einem gleichen oder größeren, so werden die Werte der Zeichen addiert.
2. Steht eines der Zahlzeichen I, X, C links neben einem höheren, so wird sein Wert subtrahiert.
3. Die Zahlzeichen I, X, C dürfen höchstens dreimal nebeneinander stehen. Die Zeichen V, L, D dürfen nur einmal vorkommen.

VI = 6,
IV = 4,
LXX = 70,
XL = 40
MXVI = 1016
XXX = 30
MCCL = 1250
MMDCCLXXXIX = 2789

Das römische Zahlensystem ist kein Stellenwertsystem. Das sieht man an der Zahl XXX. Das Zeichen X steht an verschiedenen Stellen, hat aber immer den Wert 10.

Bist du sicher?

1 Martin hat in einer Strichliste den Straßenverkehr von 15 Minuten vor seinem Zimmer erfasst.

Pkw	𝍸 𝍸 𝍸 II
Lkw	𝍸 IIII
Motorräder	𝍸 II
Fahrräder	𝍸 𝍸 III

a) Wie viele motorisierte Fahrzeuge hat er erfasst?
b) Erstelle zu der Strichliste ein Säulendiagramm.

2 Zeichne einen geeigneten Ausschnitt aus dem Zahlenstrahl und trage die Zahlen 360, 380, 400 und 420 dort ein.

3 Welche Zahlen kannst du einsetzen?
a) 1090 < □ < 1100 b) 2712 > □ > 2708 c) 10 420 < □ < 10 435

4 Schreibe in Worten.
a) 3756 b) 440 720 c) 8 512 008
d) 207 506 007 e) 13 009 200 509

5 Runde ...
a) ... auf Zehner: 481; 7998
b) ... auf Tausender: 475; 19 459
c) ... auf Millionen: 37 438 700; 42 745 869

6 Stelle die Einwohnerzahlen der vier größten Städte Deutschlands in einem Säulendiagramm dar.

Berlin	3 404 037
Hamburg	1 754 182
München	1 294 608
Köln	989 766

7* Schreibe die Zahl 45 im Zweiersystem.

8* Schreibe mit römischen Zahlzeichen.
a) 15 b) 120 c) 510 d) 1250

9* Schreibe im Zehnersystem.
a) XVIII b) LXI c) CCLXX d) MC

Anfangszeit: ____________ **45 min** **Abgabe:** ____________

1
Wer wurde zum Klassensprecher gewählt? Erstelle eine Strichliste und zeichne dann ein Säulendiagramm.

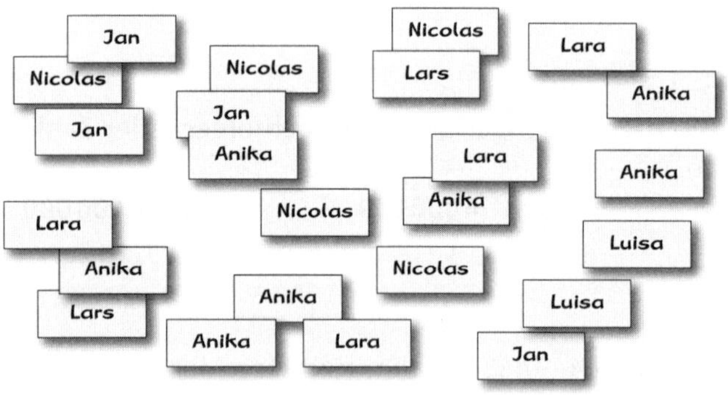

2
Zeichne einen Zahlenstrahl und trage die Zahlen 5 bis 13 ein.

3
Schreibe folgende Zahlen in Worten.
a) 128 400 b) 5 340 580 c) 707 500 000

4
Zeichne eine Stellenwerttafel und trage die Zahlen 245 780 und 3 467 007 ein.

5
a) Runde 348 420 auf Tausender.
b) Runde 240 709 502 auf Millionen.
c) Runde 3 419 000 000 auf Milliarden

6
Zeichne ein Balkendiagramm der vier längsten Flüsse, die durch Deutschland fließen.

Donau	2845 km
Rhein	1048 km
Elbe	1091 km
Oder	866 km

Lerntipps

zu Aufgabe 1
Du kannst die Frage am besten beantworten, wenn du vorher eine Strichliste erstellst. Achte darauf, dass die Säulen nicht zu klein werden.
zu Aufgabe 2
Der Zahlenstrahl beginnt bei der Zahl 0.
zu Aufgabe 3
Beachte die Groß- und Kleinschreibung.
zu Aufgabe 4
Vergiss nicht die Nullen.
zu Aufgabe 6
Runde die Zahlen auf 100 km. Zeichnest du 1 mm je 100 km, werden die Balken ziemlich kurz. Du kannst die Länge der Balken einfach verdoppeln. Vergiss nicht, das Diagramm zu beschriften.

Anfangszeit: ____________ **45 min** **Abgabe:** ____________

1
Zeichne das nächste Zahlenbild.

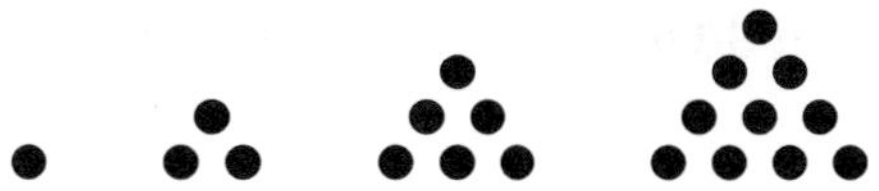

2
Wie nennt man diese Darstellungsweisen?

a) Berlin 卌
Kairo II
Madrid 卌 卌
London 卌 卌 III

b)

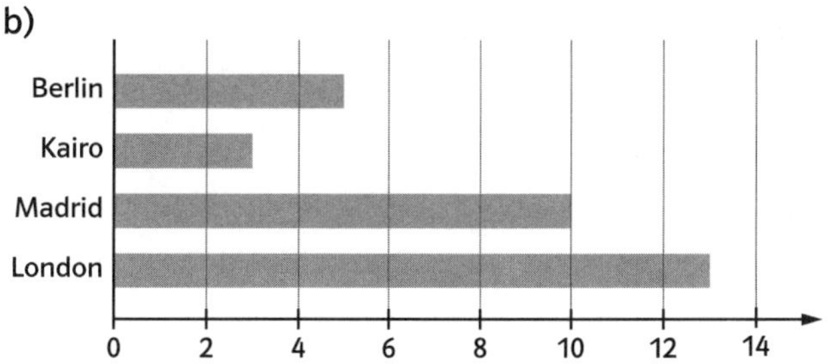

3
Zeichne einen Zahlenstrahl mit geeigneter Einteilung für die Zahlen und trage sie ein.
1000000; 1500000; 2000000; 2500000

4
Ordne die Zahlen nach aufsteigender Größe in einer Kette. 345000; 45000; 3450000; 405000; 3540000; 450000

5
Gib den Vorgänger und den Nachfolger jeder Zahl an.
a) 789999 b) 14000000 c) 30800000000

6
a) Runde 449468 auf Hunderttausender.
b) Runde 9807466 auf Millionen.
c) Runde 10489000000 auf Milliarden.

7
Joachim hat eine Briefmarkensammlung.
Er hat 320 Briefmarken aus Deutschland, 289 aus Frankreich, 141 aus Großbritannien und 92 aus Dänemark. Stelle die Anzahl der Briefmarken in einem Säulendiagramm dar.

Lerntipps

zu Aufgabe 1
Notiere zuerst die Zahlen der dargestellten Zahlenbilder. Du erkennst eine Zahlenfolge. Setze die Zahlenfolge fort.
zu Aufgabe 3
Beachte, dass der Zahlenstrahl bei 0 beginnt.
zu Aufgabe 4
Schreibe die Kette mit dem Zeichen „<“.
zu Aufgabe 5
Benutze für die Schreibweise die Zeichen „<“ und „>“.
zu Aufgabe 7
Vergiss nicht, das Schaubild zu beschriften.

Anfangszeit: ______________ **45 min** **Abgabe:** ______________

1
a) Zeichne das nächste Zahlenbild.
b) Für welche Zahlen stehen die Bilder?
c) Finde die nächsten drei Zahlen ohne zu zeichnen.

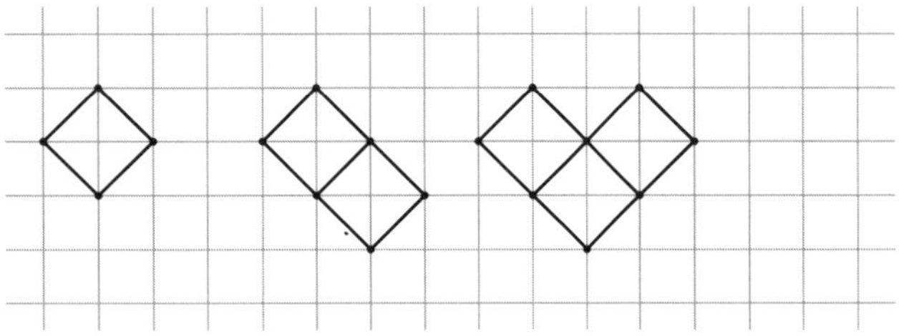

2
Was ist an dem Zahlenstrahl falsch?

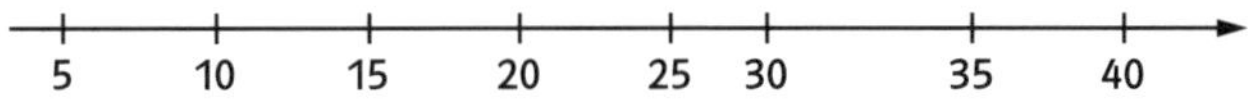

3
Zeichne jeweils einen Zahlenstrahl und kennzeichne alle Zahlen, die
a) kleiner als 12 sind.
b) zwischen 17 und 24 liegen.

4
Nenne drei verschiedene Zahlen, die zusammen die Ziffernsumme 12 ergeben.

5
Die Zahl 601000 ist auf Tausender gerundet. Gib die kleinste und die größte Zahl an, aus der die gerundete Zahl entstanden sein könnte.

6*
Vervollständige die Tabelle.

Zehnersystem	Zweiersystem
5	…
…	$(1101)_2$

7*
Schreibe mit römischen Zahlzeichen.
a) 15 b) 103

Lerntipps

zu Aufgabe 1c)
Notiere unter den Bildern die dazugehörenden Zahlen. Es entsteht eine Zahlenfolge. Jetzt lassen sich die nächsten drei Zahlen leichter finden.
zu Aufgabe 2
Es sind zwei Fehler zu finden.
zu Aufgabe 3
Achte darauf, dass der Zahlenstrahl bei der Zahl 0 beginnt.
zu Aufgabe 5
Nähere dich schrittweise der Lösung. Wenn du keine Idee hast, probiere ein paar Zahlen aus und runde sie nach den Rundungsregeln.

Anfangszeit: ______________ **45 min** **Abgabe:** ______________

1
Setze die Zahlenfolge um drei weitere Glieder fort und erkläre die Gesetzmäßigkeit.
a) 1; 3; 9; 27; ... b) 29; 25; 26; 22; 23; ...

2
Drücke mit den Zeichen < oder > aus.
a) 412 kommt nach 411
b) 3765 liegt zwischen 4560 und 3120

3
a) Wie heißt die kleinste vierstellige Zahl mit der Ziffernsumme 15?
b) Wie heißt die größte siebenstellige Zahl mit der Ziffernsumme 21?

4
Bei welchen Angaben darfst du nicht runden?
a) Postleitzahl von Köln
b) Entfernung zwischen Dortmund und Hamburg
c) Handynummer
d) Einwohnerzahl von Bochum

5
Gib vier Zahlen an, die beim Runden auf Millionen die Zahl 20 000 000 ergeben.

6*
a) Bestimme den Vorgänger und den Nachfolger der Zahl $(110111)_2$.
b) Bestimme das Doppelte der Zahl $(11101)_2$.

7*
a) Wann wurde das Haus erbaut?

b) Addiere die Zahlen XXIV und LXXIII.

Pinboard – Natürliche Zahlen

1

a) Achte auf die Fragestellung „motorisierte Fahrzeuge". Fahrräder sind nicht damit gemeint.
33 motorisierte Fahrzeuge
b) Denke an die Beschriftung des Diagramms!

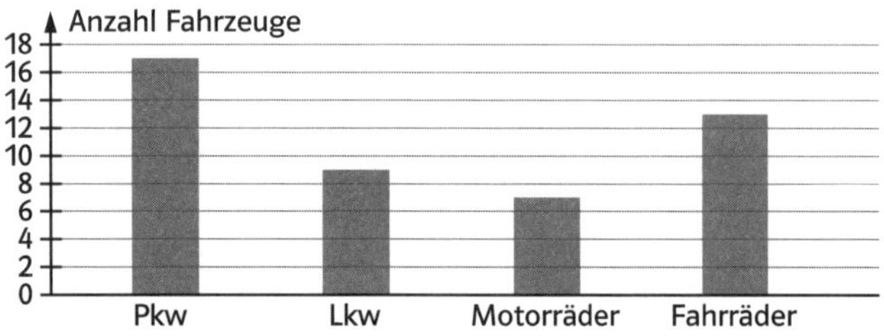

2

Einen Ausschnitt zeichnen heißt, dass der Zahlenstrahl nicht bei 0 beginnen muss.
Mögliche Lösung:

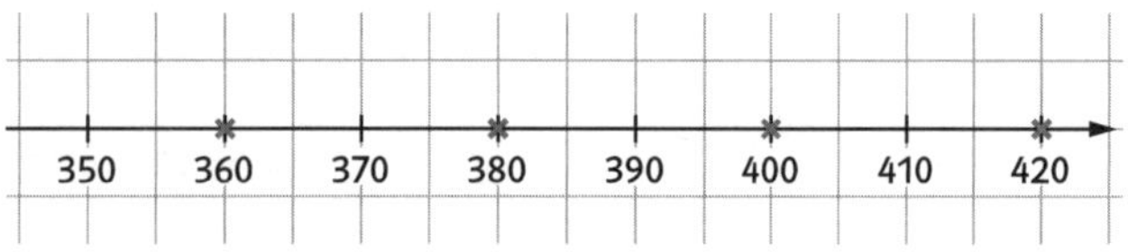

3

a) 1091; 1092; 1093; 1094; 1095; 1096; 1097; 1098; 1099
b) 2711; 2710; 2709
c) 10 421; 10 422; 10 423; 10 424; 10 425; 10 426; 10 427; 10 428; 10 429; 10 430; 10 431; 10 432; 10 433; 10 434

4

a) dreitausendsiebenhundertsechsundfünfzig
b) vierhundertvierzigtausendsiebenhundertzwanzig
c) acht Millionen fünfhundertzwölftausendacht
d) zweihundertsieben Millionen fünfhundertsechstausendsieben
e) dreizehn Milliarden neun Millionen zweihunderttausendfünfhundertneun

5

a) 480; 8000
Bei der Zahl 7998 ist der Einer eine Acht, also muss man aufrunden. Aus neun Zehnern wird damit ein Hunderter und aus neun Hundertern wird damit ein Tausender. Man muss also die sieben Tausender auf acht erhöhen.
b) 0; 19 000
Hier muss man die Zahl 475 auf Null runden: denn erst ab 500 wird auf den nächsten Tausender aufgerundet.
c) 37 000 000; 43 000 000

6

Es ist sinnvoll, die Zahlen auf Hunderttausender zu runden und für jeden Hunderttausender eine 2 mm hohe Säule zu zeichnen. Du kannst natürlich auch eine andere Länge wählen.
Berlin ≈ 3 400 000 ≙ 68 mm
Hamburg ≈ 1 800 000 ≙ 36 mm
München ≈ 1 300 000 ≙ 26 mm
Köln ≈ 1 000 000 ≙ 20 mm

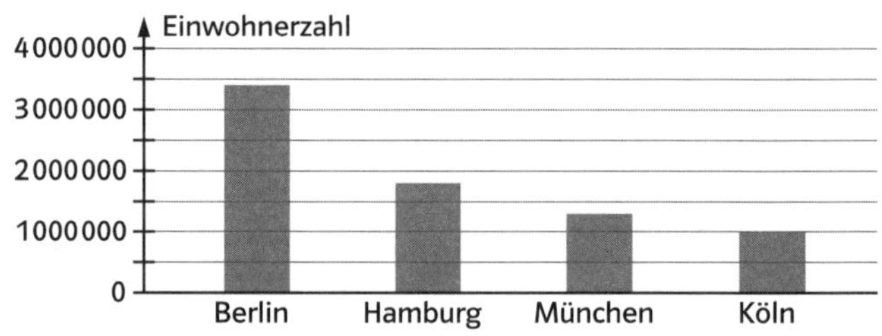

7*

$45 = (101101)_2$
Die Stellenwerttafel kann dir hier behilflich sein.

8*

a) XV b) CXX c) DX d) MCCL

9*

a) 18 b) 61 c) 270 d) 1100

Klassenarbeit 1.1

1 *(2 VP für die richtige Antwort, 2 VP für die Strichliste, 3 VP für das Diagramm. Insgesamt 7 VP)*

Jan	IIII	Nicolas	𝍸
Anika	𝍸 II	Lara	IIII
Lars	II	Luisa	II

Anika ist die neue Klassensprecherin.

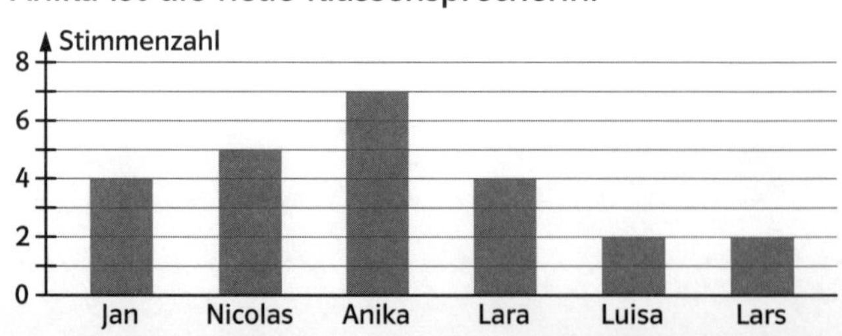

2 *(1 VP für den Zahlenstrahl, 2 VP für den richtigen Eintrag der Zahlen. Insgesamt 3 VP)*

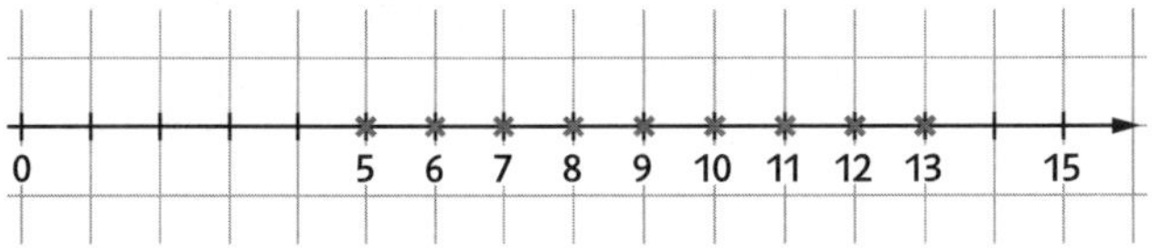

3 *(für jede Teilaufgabe 1 VP. Insgesamt 3 VP)*

a) einhundertachtundzwanzigtausendvierhundert

b) fünf Millionen dreihundertvierzigtausendfünfhundertachtzig

c) siebenhundertsieben Millionen fünfhunderttausend

4 *(2 VP für die Stellenwerttafel, 2 VP für den richtigen Eintrag der Zahlen. Insgesamt 4 VP)*

M	HT	ZT	T	H	Z	E
	2	4	5	7	8	0
3	4	6	7	0	0	7

5 *(Für jede Teilaufgabe 1 VP. Insgesamt 3 VP)*

a) 348 000

b) 241 000 000

c) 3 000 000 000

6 *(2 VP für die Darstellung des Balkendiagramms, 2 VP für den richtigen Eintrag der Flusslängen. Insgesamt 4VP)*

Mögliche Lösung:

100 km ≙ 2 mm im Schaubild

Donau ≈ 2800 km ≙ 56 mm

Rhein ≈ 1000 km ≙ 20 mm

Elbe ≈ 1100 km ≙ 22 mm

Oder ≈ 900 km ≙ 18 mm

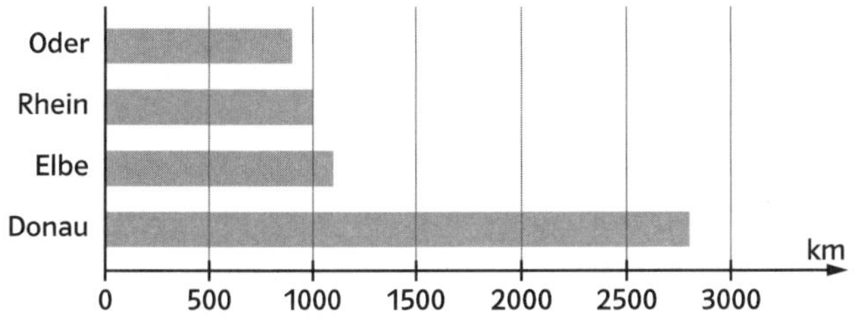

Klassenarbeit 1.2

1 (3 VP)

2 *(Für jede Teilaufgabe 2 VP. Insgesamt 4 VP)*

a) Strichliste

b) Balkendiagramm

3 *(2 VP für den Zahlenstrahl mit geeigneter Einteilung, 2 VP für den richtigen Eintrag der Zahlen. Insgesamt 4 VP)*

Vergiss nicht die Markierung für die Zahl 500 000!

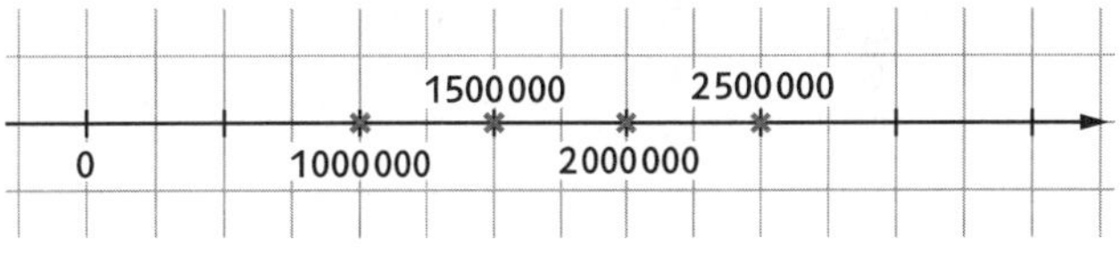

4 *(1 VP für den richtigen Einsatz des Zeichens „<“, 2 VP für die richtige Reihenfolge der Zahlen. Insgesamt 3 VP)*

Achte auf die Zahlendreher!

45 000 < 345 000 < 405 000 < 450 000 < 3 450 000 < 3 540 000

5 *(Für jede Teilaufgabe 1 VP. Insgesamt 3 VP)*

a) 789 998 < 789 999 < 790 000

b) 13 999 999 < 14 000 000 < 14 000 001

c) 30 799 999 999 < 30 800 000 000 < 30 800 000 001

6 *(Für jede Teilaufgabe 1 VP. Insgesamt 3 VP)*

a) 400 000

b) 10 000 000

c) 10 000 000 000

7 *(1 VP für die Darstellung des Diagramms, 1 VP für die richtige Rundung der Zahlen, 2 VP für die richtige Darstellung der Säulen. Insgesamt 4 VP)*
Damit die Säulen nicht zu klein werden, ist es angebracht für 10 Briefmarken eine 1 mm-Säule zu zeichnen. Du musst also auf Zehner runden.
D: $320 \mathrel{\widehat{=}} 32\,\text{mm}$
F: $289 \approx 290 \mathrel{\widehat{=}} 29\,\text{mm}$
GB: $141 \approx 140 \mathrel{\widehat{=}} 14\,\text{mm}$
DK: $92 \approx 90 \mathrel{\widehat{=}} 9\,\text{mm}$

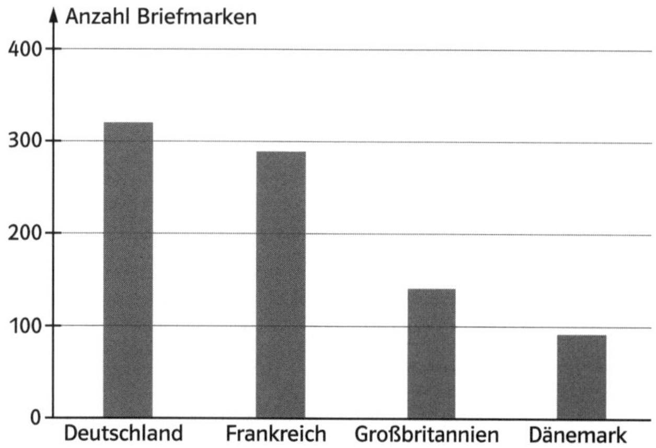

3 *(Für jede Teilaufgabe 2 VP. Insgesamt 4 VP)*

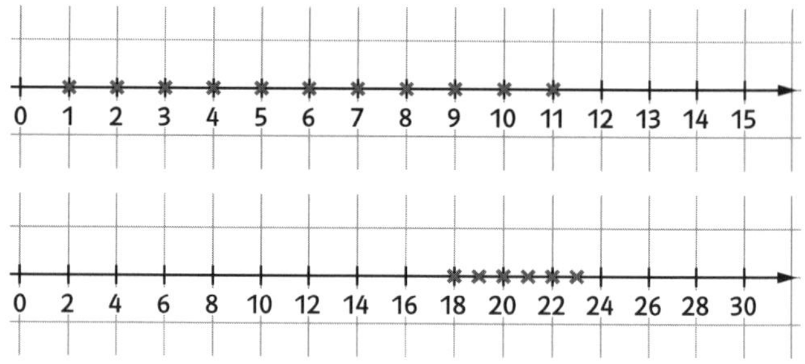

4 *(Für jede Zahl 1 VP. Insgesamt 3 VP)*
Es gibt die Möglichkeiten:
(1; 2; 9), (1; 3; 8), (1; 4; 7), (1; 5; 6), (2; 3; 7), (2; 4; 6), (3; 4; 5)

5 *(Für jede Zahl 1 VP. Insgesamt 2 VP)*
600 500 < 601 000 < 601 499

6* *(Für jede Umformung 2 VP. Insgesamt 4 VP)*
Erstelle dazu eine Stellenwerttafel im Zweiersystem. Vergiss nicht die Nullen!

	A (8)	V (4)	Z (2)	E (1)	
5 =		1	0	1	$= (101)_2$
13 = 8 + 4 + 1	1	1	0	1	$= (1101)_2$

7* *(Für jede Teilaufgabe 1 VP. Insgesamt 2 VP)*
a) XV
b) CIII

Klassenarbeit 1.3

1 *(Teilaufgabe a) 2 VP, Teilaufgabe b) 2 VP, Teilaufgabe c) 3 VP. Insgesamt 7 VP)*
a)

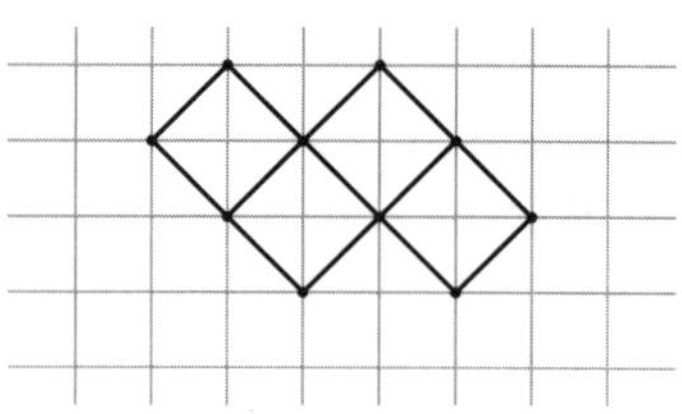

b) *Du kannst entweder die Punkte zählen oder die vorhandenen Verbindungslinien.*
nach Punkten: 4, 6, 8, 10
nach Linien: 4, 7, 10, 13
c) nach Punkten: 12, 14, 16
nach Linien: 16, 19, 22

2 *(Für jede richtige Aussage 1 VP. Insgesamt 2 VP)*
Der Strahl beginnt nicht bei der Zahl 0.
Die Einteilung ist nicht gleichmäßig.

Klassenarbeit 1.4

1 *(Je 1 VP für die richtigen Zahlen und je 1 VP für die Erklärung der Gesetzmäßigkeit. Insgesamt 4 VP)*
a) … 81; 243; 729
Man muss das letzte Glied mit 3 multiplizieren, um das nächste zu erhalten.
b) … 19; 20; 16; 17
Man muss abwechselnd die 4 subtrahieren und die 1 addieren.

2 *(Für jede Teilaufgabe 1 VP. Insgesamt 4 VP)*
a) *Es gibt zwei mögliche Schreibweisen:*
412 > 411 oder 411 < 412
b) *Auch hier gibt es zwei mögliche Schreibweisen:*
4560 > 3765 > 3120 oder
3120 < 3765 < 4560

3 *(Für jede Teilaufgabe 2 VP. Insgesamt 4 VP)*
a) *Notiere zuerst die kleinste vierstellige Zahl, also* 1000. *Erhöhe dann die Ziffern nach und nach, indem du mit den Einern beginnst.*
Das Ergebnis ist die Zahl 1059.
b) *Bei dieser Aufgabe musst du mit der größten Ziffer an der siebten Stelle beginnen, also* 9 000 000 *und dann nach rechts fortschreitend wieder eine 9 einsetzen oder eine kleinere Ziffer, um die gesuchte Summe zu erhalten.*
Das Ergebnis ist die Zahl 9 930 000.

4 *(Für jede Teilaufgabe 1 VP. Insgesamt 4 VP)*
a) Eine Postleitzahl darf man nicht runden. Eine Rundung würde zu einer anderen Postleitzahl führen.
b) Man darf runden. Eine ganz genaue Angabe der Entfernung ist ohnehin nicht möglich.
c) Man darf nicht runden. Sonst würde man eine andere Handynummer erhalten.
d) Man darf runden. Die Einwohnerzahl ändert sich ohnehin laufend.

5 *(2 VP)*
Alle Zahlen von 20 000 001 bis 20 499 999 werden beim Runden auf Millionen abgerundet und ergeben damit die Zahl 20 000 000.
Alle Zahlen von 19 500 000 bis 19 999 999 werden beim Runden auf Millionen aufgerundet und ergeben dann auch die Zahl 20 000 000.

6* *(Für jede Teilaufgabe 2 VP. Insgesamt 4 VP)*
Du arbeitest am besten wieder mit einer Stellenwerttafel.

a)	ZD (32)	SZ (16)	A (8)	V (4)	Z (2)	E (1)
Zahl	1	1	0	1	1	1
Vorgänger	1	1	0	1	1	0
Nachfolger	1	1	1	0	0	0

b)	ZD	SZ	A	V	Z (2)	E (1)
Zahl		1	1	1	0	1
Das Doppelte der Zahl	1	1	1	0	1	0

7 *(Teilaufgabe a) 1 VP, Teilaufgabe b) 3 VP. Insgesamt 4 VP)*
a) 1722
b) XCVII
Beachte, dass das römische Zahlensystem kein Stellenwertsystem ist.

Pinboard – Addieren und Subtrahieren

Addieren

Wir lernen die mathematische Fachsprache:
Den Rechenausdruck 4 + 25 bezeichnet man als **Summe**, sein Ergebnis 29 als **Wert der Summe**. Die Zahlen 4 und 25 heißen **Summanden**. Den Rechenvorgang nennt man **Addition**, das Verb dazu heißt **addieren**.

Beispiele

Beachte: Jede Zusammenstellung von Zahlen und Rechenarten bezeichnet man als Rechenausdruck oder Term.

Mathematische Fachsprache	als Term geschrieben
a) Berechne die Summe aus den Summanden 4582 und 5890.	4582 + 5890 = ?
b) Addiere zum Summenwert der Zahlen 412 und 56 die Zahl 809.	412 + 56 = □ □ + 809 = ?

zu a)
```
  4528
+5890
 10418
```
Wert der Summe: 10 418

Zu b)
```
 412      468
+ 56     +809
 468     1277
```
Wert der Summe: 1277

Subtrahieren

Fachsprache: Den Rechenausdruck 24 – 5 bezeichnet man als **Differenz**, sein Ergebnis 19 als **Wert der Differenz**. Die Zahl 24 heißt **Minuend**, die Zahl 5 nennt man **Subtrahend**.
Den Rechenvorgang nennt man **Subtraktion**, das Verb dazu heißt **subtrahieren**.

Mathematische Fachsprache	als Term geschrieben
a) Berechne die Differenz der Zahlen 4590 und 3787.	4590 – 3787 = □
b) Welche Zahl musst du von 8489 subtrahieren, um 6560 zu erhalten?	8489 – □ = 6560

zu a)
```
  4590
 -3787
   803
```
Wert der Differenz: 803

Zu b)
```
  8489
 -6560
  1929
```
Der Subtrahend lautet: 1929

Schriftliches Addieren

Man schreibt:
```
  40759
+139904
  1 1  1
 180663
 FEDCBA
```

Man liest spaltenweise, beginnend mit der letzten Spalte:

A	4 + 9 = 13	schreibe 3, übertrage 1
B	1 + 0 + 5 = 6	schreibe 6
C	9 + 7 = 15	schreibe 5, übertrage 1
D	1 + 9 + 0 = 10	schreibe 0, übertrage 1
E	1 + 3 + 4 = 8	schreibe 8
F	1	schreibe 1

Schriftliches Subtrahieren

Man schreibt:
```
 270635
-189906
 1 1 1  1
  80729
 FEDCBA
```

Man liest spaltenweise, beginnend mit der letzten Spalte:

A	5 – 6	geht nicht, 1 Zehner übertragen
	15 – 6 = 9	schreibe 9
B	3 – 0 – 1 = 2	schreibe 2
C	6 – 9	geht nicht, 1 Tausender übertragen
	16 – 9 = 7	schreibe 7
D	0 – 10	geht nicht, 1 Zehntausender übertragen
	10 – 10 = 0	schreibe 0
E	7 – 8 – 1	geht nicht, 1 Hunderttausender übertragen
	17 – 8 – 1 = 8	schreibe 8
F	2 – 1 – 1 = 0	

Rechengesetze

Beispiele

In Summen dürfen die Summanden vertauscht werden. Dies ist das **Vertauschungsgesetz** (Kommutativgesetz) der Addition.
In Summen dürfen beliebig Klammern gesetzt oder weggelassen werden. Dies ist das **Verbindungsgesetz** (Assoziativgesetz) der Addition.

Beachte: Bei Differenzen gelten diese Gesetze nicht.

Merke: Benutzt man diese beiden Rechengesetze, kann man oftmals vorteilhaft rechnen.

38 709 + 14 200 = 14 200 + 38 709

4712 + 3890 + 713 = (4712 + 3890) + 713
6540 + (7900 + 878) = 6540 + 7900 + 878

760 + 1235 + 840 + 105
= 760 + 840 + 1235 + 105 (Vertauschungsgesetz)
= (760 + 840) + (1235 + 105) (Verbindungsgesetz)
= 1600 + 1340
= 2940

Berechnen von Rechenausdrücken

Hat ein Rechenausdruck (Term) nur die Rechenzeichen + und − und keine Klammern, berechnet man seinen Wert von links nach rechts.
Hat ein Term Klammern, berechnet man zuerst, was in den Klammern steht.
Mehrere Subtrahenden können zusammengefasst werden.

Von links nach rechts
36 − 12 + 17 − 4
= (36 − 12) + 17 − 4
= (24 + 17) − 4
= 41 − 4
= 37

Klammern zuerst
(56 − 19) + (45 − 20)
= 37 + 25
= 62

Zusammenfassung von Subtrahenden
370 − 85 − 112 − 78
= 370 − (85 + 112 + 78) = 370 − 275 = 95

Überschlag

In vielen Fällen ist es nicht nötig, eine Anzahl genau anzugeben. Man kann mit gerundeten Zahlen (Größen) rechnen.
Eine Rechnung mit gerundeten Zahlen heißt **Überschlagsrechnung** (kurz: Überschlag). Die Zahlenwerte werden so gerundet, dass man die Rechnung im Kopf durchführen kann.

3726 km
+ 12 418 km
+ 17 310 km
+ 9967 km
43 421 km

Überschlag
4000 + 12 000 + 17 000 + 10 000 = 43 000

Bist du sicher?

1 Nutze Rechenvorteile und nenne die Rechengesetze, die du dabei anwendest.
450 + 367 + 1250 + 433 + 720

2 Rechne schriftlich. Mache vorher einen Überschlag.
a) 35 458 923 + 7 067 800 + 45 193 + 467 678
b) 23 568 556 096 − 389 450 700 − 2 890 785 922 − 905 756

3 Schreibe als Term und berechne.
a) Berechne die Summe aus den Summanden 248 und 312.
b) Welche Zahl muss von 3125 subtrahieren, um 2127 zu erhalten?

4 Berechne.
a) 67 + 89 − 34 − 12 + 59
b) 46 + (17 − 8) − (34 + 11)
c) 389 − 25 − 34 − 60 − 75

5 Runde die Einwohnerzahlen der Städte so, dass man sie sich merken kann.

Berlin	3 431 675
Hamburg	1 772 100
München	1 336 807
Köln	995 420
Frankfurt am Main	604 838

Klassenarbeit 2.1

Anfangszeit: ________ **45 min** **Abgabe:** ________

1 Schreibe als Term und berechne seinen Wert.
a) Addiere 3349 und 5722 .
b) Subtrahiere 1409 von 3815.
c) Berechne die Summe der Zahlen 3567; 4812 und 8546.
d) Berechne die Differenz der Zahlen 445 709 und 348 007.

2 Nutze Rechenvorteile.
379 + 75 + 25 + 421

3 Rechne.
8715 − 3458 − 1890 − 67

4 Rechne schriftlich.
Mache vorher einen Überschlag.
a) 23 560 + 17 412 + 8906
b) 3 450 009 − 356 908 − 124 588

5 Rechne.
a) 709 + 819 − 545 − 237 + 502
b) 310 − (155 + 78)

6 Die Tabelle zeigt dir die Bevölkerungszahl der Erde in manchen Jahren.
a) Berechne die Zunahme der Weltbevölkerung von 1990 bis 2000 und von 2000 bis 2010.
b) Wie hoch ist wahrscheinlich die Bevölkerungszahl im Jahr 2020?

Jahr	Bevölkerungszahl
1990	5 260 000 000
2000	6 070 000 000
2010	6 875 000 000

Lerntipps

zu Aufgabe 2
Erinnere dich an die Rechengesetze!
zu Aufgabe 4
Achte darauf, dass die Zahlen richtig untereinander geschrieben werden (Einer unter Einer, Zehner unter Zehner usw.).
zu Aufgabe 6
Beachte, dass in den beiden Jahrzehnten das Wachstum etwas zurückging. Du musst also auch noch den Unterschied zwischen den beiden Zahlen berechnen, die das Wachstum in den Jahrzehnten angeben und das folgende Wachstum um diese Zahl verringern.

Anfangszeit: ______________ **45 min** **Abgabe:** ______________

1 Rechne schriftlich. Mache vorher einen Überschlag.
a) 2 560 785 + 3 794 000 + 457 + 12 000 567 900
b) 334 500 468 700 − 23 634 746 − 48 000 865 412

2 Schreibe die Aufgabe in einem Rechenausdruck und rechne dann.
Subtrahiere von der Summe der Zahlen 327 000 und 4 078 459 die Zahl 659 712.

3 Rechne und schreibe den Term mit Worten.
4 890 412 − 3 500 000 + 48 900

4 Berechne und kontrolliere dein Ergebnis mit der zugehörigen Umkehraufgabe.
201 456 − 8712

5 Berechne.
5679 − (345 + 2700) + (8450 − 5689)

6 Die Tabelle zeigt die Besucherzahlen von drei Vereinen im Spieljahr 2009/2010.
a) Wie viele Besucher hatte Borussia Dortmund mehr als der FC Schalke 04?
b) Wie viele Besucher fehlten Bayern München, um den 1. Platz zu erreichen?

Platz	Mannschaft	Besucherzahl
1	Borussia Dortmund	1 313 179
2	Bayern München	1 173 000
3	FC Schalke 04	1 042 368

Lerntipps

zu Aufgabe 1
Achte auf die jeweilige Stellenzahl der einzelnen Zahlen.
Erinnere dich: Bei der Überschlagsrechnung wird so gerundet, dass du leicht im Kopf rechnen kannst.
zu Aufgabe 2
Du kannst den Rechenausdruck mit Klammer schreiben, aber auch ohne Klammer.
zu Aufgabe 3
Beachte, dass hier keine Klammer steht. Also musst du von links nach rechts rechnen und das bei der Wortwahl beachten.
zu Aufgabe 4
Die Umkehroperation zur Addition ist die Subtraktion.
zu Aufgabe 5
Achte auf das Rechengesetz: Klammern zuerst berechnen!

Anfangszeit: ______________ **45 min** Abgabe: ______________

1 Schreibe als Term und berechne seinen Wert.
a) Subtrahiere von der Summe der Zahlen 789 und 845 die Differenz der Zahlen 459 und 238.
b) Welche Zahl musst du von 7812 subtrahieren, um 3089 zu erhalten?

2 Schreibe den Term mit Worten.
a) 4560 − (2005 + 1487)
b) (1490 − 823) + (34 007 − 18 200)

3 Rechne.
2 320 + (323 − 256) + (876 − 129)

4 Ermittle die fehlende Zahl.
(7160 − □) − (912 + 1310) = 4483

5 Überschlage zuerst, bevor du genau rechnest.
1 230 450 − 867 400 + 239 879

6 Hier wurde falsch gerechnet.
Suche den Fehler und erkläre ihn.

$$\begin{array}{r} 23\,456 \\ +5678 \\ \hline 80\,236 \end{array}$$

7 Am Anfang des Jahres 2010 waren in Deutschland 46 570 000 Pkw gemeldet.
Im Laufe des Jahres wurden 4 260 000 Fahrzeuge neu zugelassen und 3 850 000 in der Meldedatei gelöscht.
Wie hoch war der Bestand an Pkw am Ende des Jahres 2010?

Lerntipps

zu Aufgabe 1
Bei Teilaufgabe a) musst du unbedingt mit Klammern arbeiten.
Arbeite bei Teilaufgabe b) mit einem Platzhalter oder du schreibst sofort die Umkehraufgabe zur Fragestellung.
zu Aufgabe 2
Achte auch hier wieder auf die Klammern.
zu Aufgabe 4
Die Aufgabe ist etwas schwieriger. Denke an die Rechenregeln. Also zuerst die Klammer berechnen.
Eine Hilfe kann auch sein, indem du dir eine ähnliche Aufgabe stellst, aber mit einfacheren Zahlen zum Beispiel (20 − □) − (12 + 2) = 3

Anfangszeit: ______________ **45 min** **Abgabe:** ______________

1 Setze eine Klammer so, dass du einen möglichst kleinen Wert erhältst.

453 + 17808 − 4342 + 8913

2 Berechne.

5780 − (754 + (1265 − 387)) + 4709

3 Schreibe als Term und berechne seinen Wert. Welchen Wert hat die Differenz aus der Summe der Zahlen 3490 und 754 und der Summe der Zahlen 540 und 2090?

4 Wie verändert sich der Wert einer Differenz, wenn der Minuend um 20 vergrößert und der Subtrahend um 20 verkleinert wird?

5 Schreibe in Worten.

(2750 + 3900) − (4258 − 488)

6 Berechne und erkläre die unterschiedlichen Ergebnisse.

230 − (150 + 22) = ?

(230 − 150) + 22 = ?

7 Die Tabelle zeigt dir die Bevölkerungszahlen der deutschen Bundesländer.
Finde mithilfe einer Überschlagsrechnung mehrere Bundesländer, deren Bevölkerungszahlen zusammen die Bevölkerungszahl von Nordrhein-Westfalen ergeben.

Bevölkerung der Bundesländer 31.12.2008

Bundesland	Fläche	Bevölkerung Anzahl			Einw. je km²
	km²	insgesamt	männlich	weiblich	
Baden-Württemb.	35751,48	10749506	5285894	5463612	301
Bayern	70551,58	12519728	6138101	6381627	177
Berlin	891,54	3431675	1680502	1751173	3849
Brandenburg	29480,97	2522493	1249312	1273181	86
Bremen	404,28	661866	321184	340052	1637
Hamburg	755,16	1772100	865921	906179	2347
Hessen	21114,75	6064953	2970447	3094506	287
Mecklenb.-Vorp.	23186,29	1664356	825124	839232	72
Niedersachsen	47626,60	7947244	3901052	4046192	167
Nordrhein-Westf.	34088,43	17933064	8746419	9186645	526
Rheinland-Pfalz	19853,70	4028351	1977031	2051320	203
Saarland	2568,65	1030324	501185	529139	401
Sachsen	18419,48	4192801	2049173	2143628	228
Sachsen-Anhalt	20447,64	2381872	1165683	1216189	116
Schleswig-Holstein	15799,22	2834260	1187798	1446462	179
Thüringen	16172,14	2267763	1118827	1148936	140
Deutschland	**357111,91**	**82002356**	**49184283**	**41818073**	**230**

8 Aus der gleichen Tabelle wie in Aufgabe 7 kannst du die Bevölkerungszahl Deutschlands vom 31. Dezember 2008 entnehmen. Runde die Zahl auf Tausender.
Ein Jahr zuvor lebten in Deutschland noch 82217000 Einwohner. In welchem Jahr wird die 80-Millionen-Grenze unterschritten sein, wenn man annimmt, dass die Bevölkerungszahl jedes Jahr um die gleiche Anzahl abnehmen wird?

Pinboard – Addieren und Subtrahieren

1
= 450 + 1250 + 367 + 433 + 720 *(Vertauschungsgesetz)*
= (450 + 1250) + (367 + 433) + 720 *(Verbindungsgesetz)*
= 1700 + 800 + 720 *(Klammern zuerst)*
= 3220

2
a) Überschlag:
35 500 000 + 7 100 000 + 0 + 500 000
= 43 100 000
Rechnung: 43 039 594
b) Überschlag:
23 600 000 000 – 400 000 000 – 2 900 000 000 – 0
= 20 300 000 000
Rechnung: 20 287 413 718

3
a) Term und Rechnung: 248 + 312 = 560
b) Term: 3125 – □ = 2127
Rechnung: 3125 – 2127 = 998

4
a) 169
b) 46 + (17 – 8) – (34 + 11) *(Klammern zuerst)*
= 46 + 9 – 45
= 10
c) 389 – 25 – 34 – 60 – 75 = 195

5
Berlin ≈ 3 400 000
Hamburg ≈ 1 800 000
München ≈ 1 300 000
Köln ≈ 1 000 000
Frankfurt am Main ≈ 600 000

Klassenarbeit 2.1

1 *(Für jede Teilaufgabe 2P. Insgesamt 8 VP)*
a) 3349 + 5722 = 9071
b) 3815 – 1409 = 2406
c) 3567 + 4812 + 8546 = 16 925
d) 445 709 – 348 007 = 97 702

2 (1 VP für die Anwendung des Vertauschungsgesetzes und 1 VP für das richtige Ergebnis. Insgesamt 2 VP)
= 379 + 75 + 25 + 421
= 379 + 421 + 75 + 25
= 800 + 100
= 900

3 (2 VP)
3300

4 *(Je Teilaufgabe 1 VP für den Überschlag und 1 VP für das richtige Ergebnis. Insgesamt 4 VP)*
a) Überschlag: 24 000 + 17 000 + 9000 = 50 000
Ergebnis: 49 878
b) Überschlag: 3 500 000 – 400 000 – 100 000 = 3 000 000
Ergebnis: 2 968 513

5 *(Je Teilaufgabe 2 VP. Insgesamt 4 VP)*
a) 1248
b) 77

6 *(Für Teilaufgabe a) je 1 VP für die richtigen Ergebnisse. Für Teilaufgabe b) 1 VP für die Zahl, die die Zunahme der Bevölkerung ausdrückt und 1 VP für die Bevölkerungszahl im Jahr 2020. Insgesamt 4 VP)*
a) Von 1990 – 2000: Zunahme um 810 000 000.
Von 2000 bis 2010: Zunahme um 805 000 000.
b) Im Jahr 2020 gibt es wahrscheinlich 7 675 000 000 Menschen auf der Erde.
Da in den beiden Dekaden (10-Jahreszeiträume) die Steigerung der Bevölkerungszahl um 5 Mio Einwohner zurückging, kann man davon ausgehen, dass auch in der nächsten Dekade ein Rückgang der Steigerung von 5 Mio stattfinden wird.

Klassenarbeit 2.2

1 *(Je 2 VP für den Überschlag und je 2 VP für das richtige Ergebnis. Insgesamt 8 VP)*
a) Überschlag:
3 000 000 + 4 000 000 + 0 + 12 001 000 000
= 12 008 000 000
Rechnung: 12 006 923 142
b) Überschlag:
335 000 000 000 – 0 – 48 000 000 000
= 287 000 000 000
Rechnung: 286 475 968 542

2 *(Rechenausdruck 2 VP, richtiges Ergebnis 2 VP. Insgesamt 4 VP)*
327 000 + 4 078 459 – 659 712 = 3 745 747

3 *(2 VP für die Schreibweise in Worten und 2 VP für das richtige Ergebnis. Insgesamt 4 VP)*
Addiere zur Differenz der Zahlen 4 890 412 und 3 500 000 die Zahl 48 900.
Ergebnis: 1 439 312

4 *(1 VP für die richtige Rechnung und 1 VP für die Probe. Insgesamt 2 VP)*
Ergebnis: 192 744
Probe: 192 744 + 8712 = 201 456

5 *(2 VP)*
Rechne und notiere schrittweise.
5679 – (345 + 2700) + (8450 – 5689)
= 5679 – 3045 + 2761
= 5395

6 *(Für jede Teilaufgabe 2 VP, dabei erhältst du 1 VP für den Rechenweg und 1 VP für das richtige Ergebnis. Insgesamt also 4 VP)*
a) 1 313 179 – 1 042 368 = 270 811
Borussia hatte 270 811 Besucher mehr als Schalke.
b) 1 313 179 – 1 173 000 = 140 179
Bayern fehlten 140 179 Besucher für Platz 1.

Klassenarbeit 2.3

1 *(Je 2 VP für den Term und je 2 VP für das richtige Ergebnis. Insgesamt 8 VP)*
a) (789 + 845) – (459 – 238)
= 1634 – 221
= 1413
b) 7812 – □ = 3089
7812 – 3089 = 4723
□ = 4723

2 *(Für jede Teilaufgabe 2 VP. Insgesamt 4 VP)*
a) Subtrahiere von der Zahl 4560 die Summe der Zahlen 2005 und 1487.
b) Addiere zur Differenz der Zahlen 1490 und 823 die Differenz der Zahlen 34 007 und 18 200.

3 *(2 VP)*
2320 + (323 – 256) + (876 – 129)
= 2320 + 67 + 747
= 3134

4 *(2 VP)*
(7160 – □) – (912 + 1310) = 4483
Mögliche Nebenrechnungen:
912 + 1310 = 2222
7160 – 2222 = 4938
Die Aufgabe lautet nun:
4938 – □ = 4483
4938 – 4483 = 455
□ = 455

5 *(Überschlag 1 VP, richtige Rechnung 1 VP. Insgesamt 2 VP)*
Achtung! Bei gegensätzlichen Rechenoperationen wie z. B. Addition und Subtraktion kann man auch mal von der Rundungsregel abweichen, damit das Rundungsergebnis dem richtigen Ergebnis näher liegt.
Überschlag: 1 300 000 – 900 000 + 200 000 = 600 000
Rechnung: 602 929

6 *(2 VP)*
Die Zahlen wurden nicht richtig untereinander geschrieben.

```
   23 456
+   5678
   29 134
```

7 *(Für den Rechenweg 2 VP, für die Teilergebnisse 2 VP. Insgesamt 4 VP)*

4 260 000	46 570 000
− 3 850 000	+ 410 000
410 000	46 980 000

Am Ende des Jahres 2010 gab es 46 980 000 Fahrzeuge.

Klassenarbeit 2.4

1 *(2 VP)*
453 + 17808 − (4342 + 8913) = 5006

2 *(2 VP)*
5780 − (754 + (1265 − 387)) + 4709
= 5780 − (754 + 878) + 4709
= 5780 − 1632 + 4709
= 8857

3 *(2 VP für den Term, 2 VP für das richtige Ergebnis)*
= (3490 + 754) − (540 + 2090)
= 4244 − 2630
= 1614

4 *(2 VP)*
Der Wert der Differenz erhöht sich um 40.
Kontrolliere anhand eines Beispiels.

5 *(2 VP)*
Subtrahiere die Differenz der Zahlen 4258 und 488 von der Summe der Zahlen 2750 und 3900.

6 *(2 VP für die Rechnungen und 2 VP für die Erklärung. Insgesamt 4 VP)*
230 − (150 + 22) = 230 − 172 = 58
(230 − 150) + 22 = 80 + 22 = 102
Durch die Klammer muss im 1. Term zu der Zahl 150 noch die Zahl 22 addiert werden und der Summenwert wird dann von 230 subtrahiert.
Beim 2. Term muss nur die Zahl 150 von 230 subtrahiert werden, die Zahl 22 wird dann addiert. Die Ergebnisse unterscheiden sich also um 2 · 22 = 44.

7 *(2 VP für den Rechenweg und 2 VP für das Ergebnis. Insgesamt 4 VP)*
Nordrhein-Westfalen hat rund 18 Mio. Einwohner.
Es gibt mehrere Möglichkeiten.
Zum Beispiel: Baden-Württemberg, Berlin, Rheinland-Pfalz oder Bayern, Brandenburg, Schleswig-Holstein

8 *(1 VP für die gerundete Bevölkerungszahl Deutschlands, 2 VP für den Rechenweg, 1 VP für das richtige Ergebnis. Insgesamt 4 VP)*
Bevölkerungszahlen Deutschlands
Im Jahr 2007: etwa 82 217 000
Im Jahr 2008: etwa 82 002 000
Daraus ergibt sich ein Rückgang von 215 000 pro Jahr. Ein Jahr später, also 2009, sind es dann noch
82 002 000 − 215 000 = 81 787 000
2010: 81 787 000 − 215 000 = 81 572 000
2011: 81 357 000
2012: 81 142 000
2013: 80 927 000
2014: 80 712 000
2015: 80 497 000
2016: 80 282 000
2017: 80 067 000
2018: 79 852 000
Während des Jahres 2018 wird voraussichtlich die 80-Mio-Grenze unterschritten werden.

Pinboard – Multiplizieren und Dividieren

Multiplizieren

Den Rechenausdruck 3 · 20 bezeichnet man als **Produkt**, sein Ergebnis 60 als **Wert des Produkts**. Die Zahlen 3 und 20 sind die **Faktoren**. Den Rechenvorgang nennt man **Multiplikation**, das Verb dazu heißt **multiplizieren**.

Beispiele

Mathematische Fachsprache	als Term geschrieben
a) Multipliziere die Zahl 35 mit der Zahl 14.	35 · 14 = □
b) Welche Zahl bekommst du, wenn du zu dem Produkt der Zahlen 21 und 31 die Zahl 105 addierst?	21 · 31 + 105 = □

zu a) 35 · 14 = 490

Wert des Produkts: 490

Zu b) 21 · 31 = 651
651 + 105 = 756
Wert des Produkts: 651
Wert der Summe: 756

Schriftliches Multiplizieren

Berechne die Teilprodukte (z.B. 2 · 873, 5 · 873) und schreibe sie stellenrichtig untereinander. Addiere anschließend die Teilprodukte.

Man schreibt:

```
  873 · 259
A  1746
B   4365
  +  7857
   226107
```

A 2 · 3 = 6		
2 · 7 = 14		schreibe 4, merke 1
2 · 8 = 16		beachte gemerkte 1
	16 + 1 = 17	schreibe 17
B 5 · 3 = 15		schreibe 5, merke 1
5 · 7 = 35		
	35 + 1 = 36	schreibe 6, merke 3
5 · 8 = 40		
	40 + 3 = 43	schreibe 43

Potenzieren

Ein Produkt aus lauter gleichen Faktoren kann kürzer geschrieben werden:

$4 \cdot 4 \cdot 4 = 4^3$

Diese Rechenart nennt man **Potenzieren**. Die Zahl 4 ist die **Grundzahl** und die 3 die **Hochzahl**. Den Rechenausdruck 4^3 nennt man **Potenz**.

$5 \cdot 5 \cdot 5 \cdot 5 = 5^4 = 625$
$7^3 = 7 \cdot 7 \cdot 7 = 343$

Es gilt:
$5^1 = 5$
$312^1 = 312$

Dividieren

Fachsprache: Den Rechenausdruck 24 : 6 bezeichnet man als **Quotient**, sein Ergebnis 4 als **Wert des Quotienten**. Die Zahl 24 heißt **Dividend**, die Zahl 6 nennt man **Divisor**.
Den Rechenvorgang nennt man **Division**, das Verb dazu heißt **dividieren**.

Mathematische Fachsprache	als Term geschrieben
a) Berechne den Wert des Quotienten der Zahlen 450 und 15.	450 : 15 = □
b) Der Wert des Quotienten ist 8, der Dividend ist 96. Wie heißt der Divisor?	96 : □ = 8

Zu a) 450 : 15 = 30

Wert des Quotienten: 30

Zu b) 96 : 8 = 12
Probe: 96 : 12 = 8
Divisor: 12

Schriftliches Dividieren

Man überlegt, wie oft der Teiler in der jeweiligen Zahl enthalten ist und subtrahiert dieses Vielfache des Teilers. Dann wird die nächste Ziffer des Dividenden an den Subtraktionsrest angehängt, usw. Wenn die Division nicht aufgeht, notiert man auch den Rest. Die Divisionsreste sind immer kleiner als der Teiler.

Man schreibt:

```
4135 : 17 = 243 Rest 4
-34      A
 73
-68      B
 55
-51
  4
```

A 2 · 17 = 34		notiere 2 im Ergebnis
	41 − 34 = 7	
B 3		angehängt zu 7
	4 · 17 = 68	notiere 4 im Ergebnis …

Da ist der Wurm drin!

```
1334 : 58 = 1121
-58
 75
-58
 174
-116
  58
 -58
   0
```

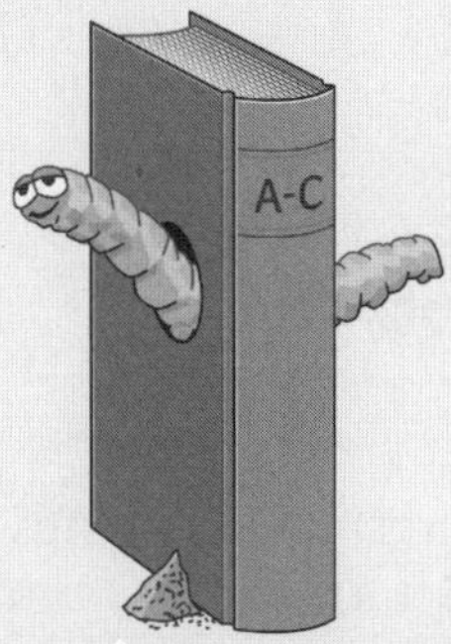

Rechengesetze

	Beispiele
Vertauschungsgesetz: In Produkten dürfen Faktoren beliebig vertauscht werden.	$430 \cdot 15 = 15 \cdot 430$ (Vertauschungsgesetz)
Verbindungsgesetz: In Produkten dürfen Klammern beliebig gesetzt werden.	$10 \cdot (12 \cdot 20) = (10 \cdot 12) \cdot 20$ (Verbindungsgesetz)
Verteilungsgesetz: Das Verteilungsgesetz verwendet man zum Ausklammern bzw. zum Ausmultiplizieren.	Verteilungsgesetz: $40 \cdot 16 + 40 \cdot 14 = 40 \cdot (16 + 14) = 40 \cdot 30$ (Ausklammern) $14 \cdot (10 + 5) = 14 \cdot 10 + 14 \cdot 5$ (Ausmultiplizieren) $= 140 + 70$ $= 210$

Berechnen von Rechenausdrücken

Beachte bei längeren Rechenausdrücken folgende Rechenregeln:
- Punktrechnung geht vor Strichrechnung
- Was in Klammern steht, wird zuerst berechnet.
- Innere Klammer wird vor der äußeren Klammer berechnet.

Punkt  vor Strich

$105 - 4 \cdot 25 + 30$
$= 105 - 100 + 30$
$= 35$

$42 + (75 - 20 : 4)$
$= 42 + (75 - 5)$
$= 42 + 70$
$= 112$

$64 - (28 + (4 \cdot 6))$
$= 64 - (28 + 24)$
$= 64 - 52$
$= 12$

Bist du sicher?

1 Nutze Rechenvorteile
a) $50 \cdot 48 \cdot 2$ b) $19 \cdot 5 \cdot 25 \cdot 4 \cdot 5$

2 Schreibe als Potenz.
a) $8 \cdot 8 \cdot 8$ b) $10 \cdot 10 \cdot 10 \cdot 10 \cdot 10$

3 Vergleiche.
a) $4^3 \square 3^4$ b) $5^2 \square 2^5$ c) $4^1 \square 1^4$

4 Rechne schriftlich. Mache vorher einen Überschlag.
a) $458 \cdot 923$
b) $135\,408 : 93$

5 Scheibe als Term und berechne seinen Wert.
a) Die Faktoren eines Produkts heißen 12 und 15 und 21. Berechne den Wert des Produkts.
b) Der Dividend lautet 168, der Divisor 14. Welchen Wert hat der Quotient?

6 Berechne.
a) $67 + 89 \cdot 34 - 12 \cdot 59$
b) $46 + (17 \cdot 8 - 4 \cdot 11)$

7 Schreibe den Rechenausdruck in Worten und berechne seinen Wert.
a) $(24 + 22) \cdot (112 - 85)$
b) $450 : 9 - 30 : 6$

8 Das Bild zeigt das Fußballstadion des 1. FC Dortmund. Es fasst 82 932 Zuschauer.

Wie viele Zuschauer hätten die Spiele gesehen, wenn bei allen 17 Heimspielen das Stadion voll besetzt gewesen wäre?
Im Spieljahr 2010 waren insgesamt 1 234 658 Zuschauer im Stadion. Wie viele Zuschauer waren es durchschnittlich bei 17 Heimspielen?

Klassenarbeit 3.1

Anfangszeit: ____________ **45 min** **Abgabe:** ____________

1 Rechne schriftlich.
Mache vorher einen Überschlag.
a) 345 · 270 b) 8015 : 35

2 Schreibe die Potenzen als Produkt und berechne ihren Wert.
a) 5^4 b) 17^3

3 Schreibe als Term und berechne seinen Wert.
Multipliziere die Summe der Zahlen 334 und 21 mit der Zahl 56.

4 Berechne.
a) 45 + 3 · 17 b) 20 · (15 – 3)

5 Rechne geschickt.
8 · 4 · 25 · 125

6 Berechne durch Ausmultiplizieren.
7 · (15 + 4)

7 Berechne durch Ausklammern.
4 · 17 + 4 · 13

8 Die deutsche Bundesbahn hat nach eigenen Angaben 1908 Millionen Fahrgäste im Jahr 2009 befördert. Wie viele Fahrgäste hat sie an einem Tag befördert?

Lerntipps

zu Aufgabe 1
a) Grundsätzlich gilt: Bei der Multiplikation wird meistens ein Faktor auf- und der andere abgerundet. Dabei muss man nicht unbedingt beide Faktoren auf die gleiche Stelle runden. Man sollte möglichst nahe am richtigen Ergebnis liegen.
b) Der Überschlag ist bei der Division etwas schwieriger. Hier gilt grundsätzlich: Wird der Dividend aufgerundet, sollte der Divisor möglichst auch aufgerundet werden. Man kann auch da die Rundungsregeln außer acht lassen, da es von Vorteil ist, auf solche Zahlen zu runden, mit denen man gut im Kopf rechnen kann.
zu Aufgabe 3
Vergiss nicht, die Summe in eine Klammer zu setzen!
zu Aufgabe 4
a) Beachte: Punkt- vor Strichrechnung!
b) Die Klammer wird zuerst berechnet!
zu Aufgabe 5
Hier kannst du das Vertauschungsgesetz, das Verbindungsgesetz oder beide Gesetze anwenden.
zu Aufgabe 8
Hier ist es auf jeden Fall von Vorteil, einen Überschlag durchzuführen. Es geht dabei vor allem um die Anzahl der Stellen des Ergebnisses.

Anfangszeit: ____________ **45 min** **Abgabe:** ____________

1 Rechne schriftlich.
Mache zuerst einen Überschlag und anschließend eine Probe.
2345 · 209

2 Schreibe als Potenz
a) 7 · 7 · 7
b) 23 · 23 · 23 · 23 · 23

3 Schreibe als Term und berechne seinen Wert.
Bilde den Quotienten aus der Differenz der Zahlen 27 und 6 und der Summe der Zahlen 3 und 4.

4 Berechne.
(145 + 3) · (17 − 8)

5 Wie verändert sich der Wert eines Produkts, wenn man den 1. Faktor verdoppelt und den zweiten halbiert?

6 Berechne durch Ausmultiplizieren.
(150 − 42) · 21

7 Berechne durch Ausklammern.
4 · 12 + 4 · 45 + 4 · 13

8 Insa duscht gerne, einmal morgens nach dem Aufstehen und einmal abends, bevor sie ins Bett geht. Für einmal Duschen verbraucht sie 15 Liter Wasser.
Wieviel Liter Wasser verbraucht sie in einem Monat und wie viele in einem Jahr?

Lerntipps

zu Aufgabe 3
Vergiss die Klammern nicht! Du musst zwei Klammern setzen. Achte auf die Reihenfolge der Terme.
zu Aufgabe 4
Der Wert der Klammern wird zuerst berechnet.
zu Aufgabe 5
Teste deine Vermutung an zwei oder drei Beispielen. Oder du formulierst zuerst zwei oder drei Beispiele und erkennst dann die Lösung.
zu Aufgabe 6
Hier sollst du nicht zuerst die Klammer berechnen.
zu Aufgabe 7
Du erkennst noch einmal, dass Ausklammern durchaus hilfreich sein kann.
zu Aufgabe 8
Hast du den Text genau durchgelesen? Eine Aussage wird gerne überlesen.

Klassenarbeit 3.3

Anfangszeit: ____________ **45 min** **Abgabe:** ____________

1 Führe eine Überschlagsrechnung durch, bevor du schriftlich rechnest.
387 · (175 + 216)

2 Rechne.
$4^2 + 5^3$

3 Schreibe als Term und berechne seinen Wert. Berechne das Produkt aus der Differenz und der Summe der Zahlen 212 und 163.

4 Rechne möglichst geschickt. Welche Rechengesetze wendest du dabei an?
8 · 4 · 125 · 5 · 25

5 Rechne geschickt, indem du einen Faktor in eine Differenz umformst.
12 · 198

6 In der folgenden Rechnung sind einige Ziffern verlorengegangen. Suche sie.

```
 1□784 : 7□1 = 2□
- 1482
  29□□
- 2□□4
     0
```

7 Im Eisenwarenlager stehen 27 Kartons mit jeweils 48 Haken. 7 Kartons werden verkauft. Berechne die Anzahl der restlichen Haken.

8 In einer Großkonditorei werden 13 480 Pralinen eingetütet. In einer Tüte sind 23 Stück. Wie viele Tüten werden gefüllt?

Lerntipps

zu Aufgabe 1
Man kann auch zwei Überschlagsrechnungen durchführen: Ein Überschlag, von dem man weiß, dass er größer ist als das Ergebnis, und ein Überschlag, der kleiner ist. Dann hat man das Ergebnis eingegrenzt. Zwischen diesen beiden Werten muss das Ergebnis liegen.

zu Aufgabe 2
Die Potenz ist eine verkürzte Darstellung einer Multiplikation von gleichen Faktoren. Es gilt also auch hier die Regel: Punkt- vor Strichrechnung.

zu Aufgabe 3
Klammern bei der Differenz und der Summe nicht vergessen!

zu Aufgabe 6
Hier musst du manchmal auch rückwärts rechnen.

zu Aufgabe 7
Man kann etwas umständlich rechnen oder etwas schneller.

zu Aufgabe 8
Es bleibt ein Rest.

Anfangszeit: ________ **45 min** **Abgabe:** ________

1 Führe eine Überschlagsrechnung durch, bevor du schriftlich rechnest. Mache dann eine Probe.
(25 690 − 210) : 35

2 Schreibe als Term und berechne seinen Wert. Dividiere die Differenz der Zahlen 11 510 und 1214 durch das Produkt der Zahlen 11 und 13.

3 Rechne.
((117 · 21) − 67) · (76 · 42 − 3192)

4 Rechne geschickt, indem du einen Faktor in eine Summe umformst.
14 · 205

5 Ersetze die Platzhalter durch die richtigen Ziffern.

2□9□2□
478
9□6

6 Außer den vier Rechenzeichen darfst du auch noch Klammern benutzen.
Bilde aus den vorgegebenen Zahlen einen Rechenausdruck, der den in der Klammer angegebenen Wert hat.
60, 8, 5 (520)

7 Eine Fabrik baut 3 Sorten Kisten, von jeder Sorte 190 Stück täglich.
Für eine Kiste der 1. Sorte werden 6 Bretter und 16 Nägel benötigt.
Für eine Kiste der 2. Sorte werden 12 Bretter und 32 Nägel benötigt.
Für eine Kiste der 3. Sorte werden 18 Bretter und 48 Nägel benötigt.
Wie viele Bretter und Nägel werden an 5 Tagen verarbeitet?

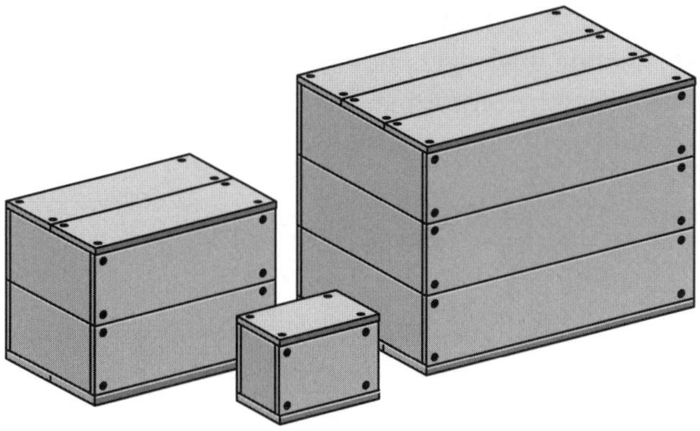

Pinboard – Multiplizieren und Dividieren

1
a) $= 50 \cdot 2 \cdot 48 = 100 \cdot 48 = 4800$
b) $= 4 \cdot 25 \cdot 5 \cdot 5 \cdot 19$
$= (4 \cdot 25) \cdot 5 \cdot 5 \cdot 19$
$= 100 \cdot 5 \cdot 95$
$= 500 \cdot 95 = 47500$

2
a) 8^3 b) 10^5

3
a) $4^3 < 3^4$ b) $5^2 < 2^5$ c) $4^1 > 1^4$

4
a) Überschlag: $500 \cdot 900 = 450000$
Rechnung: 422734
b) Überschlag: $140000 : 100 = 1400$
$135000 : 90 = 1500$
Rechnung: 1456

5
a) $12 \cdot 15 \cdot 21 = 3780$
b) $168 : 14 = 12$

6
a) $= 67 + 3026 - 708 = 2385$
b) $= 46 + (136 - 44) = 46 + 92 = 138$

7
a) Multipliziere die Summe der Zahlen 24 und 22 mit der Differenz der Zahlen 112 und 85.
$(24 + 22) \cdot (112 - 85) = 46 \cdot 27 = 1242$
b) Subtrahiere vom Quotienten der Zahlen 450 und 9 den Quotienten der Zahlen 30 und 6.
$450 : 9 - 30 : 6 = 50 - 5 = 45$

8
$82932 \cdot 17 = 1409844$
Es wären 1409844 Zuschauer gewesen.
$1234658 : 17 = 72626$ Rest 16
Antwort: Es waren durchschnittlich 72626 Zuschauer.

Klassenarbeit 3.1

1 *(Je 1 VP für Überschlag und je 1 VP für die richtige Rechnung. Insgesamt 4 VP)*
a) Überschlag: $300 \cdot 300 = 90000$
Ergebnis: 93150
b) Überschlag: $8000 : 40 = 200$
Ergebnis: 229

2 *(Je 1 VP für die richtige Anzahl an Faktoren und je 1 VP für die richtige Rechnung. Insgesamt 4 VP)*
a) $5 \cdot 5 \cdot 5 \cdot 5 = 625$
b) $17 \cdot 17 \cdot 17 = 4913$

3 *(Für den Term 2 VP und 2 VP für die Rechnung. Insgesamt 4 VP)*
$(334 + 21) \cdot 56 = 19880$

4 *(Je Teilaufgabe 2 VP. Insgesamt 4 VP)*
a) 96 b) 240

5 *(Für das Vertauschungsgesetz 1 VP, für die richtige Rechnung 1 VP. Insgesamt 2 VP)*
$= 8 \cdot 125 \cdot 4 \cdot 25 = 1000 \cdot 100 = 100000$

6 *(Für die richtige Anwendung des Verteilungsgesetzes 1 VP, für das richtige Ergebnis 1 VP. Insgesamt 2 VP)*
$= 7 \cdot 15 + 7 \cdot 4 = 105 + 28 = 133$

7 *(Für die richtige Anwendung des Verteilungsgesetzes 1 VP, für das richtige Ergebnis 1 VP. Insgesamt 2 VP)*
$= 4 \cdot (17 + 13) = 4 \cdot 30 = 120$

8 *(Für die Divisionsaufgabe 1 VP, für das richtige Ergebnis 1 VP. Insgesamt 2 VP)*
Damit du richtig rechnen kannst, muss die Zahlenangabe 1 908 Millionen ausgeschrieben werden.
$1908000000 : 365 = 5227397$ Rest 95
≈ 5200000
Da die Zahl der Beförderten in einem Jahr mit Sicherheit gerundet ist, kann auch die Zahl der Beförderten an einem Tag gerundet werden.

Klassenarbeit 3.2

1 *(Je 2 VP für Überschlag, Probe und Rechnung. Insgesamt 6 VP)*
Überschlag: $2400 \cdot 200 = 480\,000$
Ergebnis: 490105
Probe: $490105 : 209 = 2345$

2 *(Je Teilaufgabe 1 VP. Insgesamt 2 VP)*
a) 7^3 b) 23^5

3 *(Für den Term 2 VP und 2 VP für die Rechnung. Insgesamt 4 VP)*
$(27 - 6) : (3 + 4)$
$= 21 : 7 = 3$

4 *(2 VP)*
$= 148 \cdot 9 = 1332$
Zur Erinnerung: Mache immer einen Überschlag. Du kannst damit vor allem die Anzahl der Stellen gut überprüfen.

5 *(2 VP)*
Du kannst die Lösung durch Überlegung herausfinden oder durch ein Beispiel.
Mögliches Beispiel: $5 \cdot 40 = 200$
$10 \cdot 20 = 200$
Der Wert des Produkts ändert sich nicht.

6 *(2 VP)*
$= 150 \cdot 21 - 42 \cdot 21$
$= 3150 - 882 = 2268$

7 *(2 VP)*
$= 4 \cdot (12 + 45 + 13)$
$= 4 \cdot (12 + 13 + 45)$
$= 4 \cdot 70 = 280$
Das Beispiel zeigt, dass es durchaus sinnvoll sein kann auszuklammern. Mann kann dann manchmal leichter rechnen.

8 *(Für den Rechenweg 2 VP, für die Ergebnisse 2 VP. Insgesamt 4 VP)*
Wir rechnen mit 30 Tagen im Monat und 365 Tagen im Jahr.
Monatsverbrauch: $15\,l \cdot 2 \cdot 30 = 900\,l$
Jahresverbrauch: $15\,l \cdot 2 \cdot 365 = 10\,950\,l$

Klassenarbeit 3.3

1 *(Für den Überschlag 2 VP und für die Rechnung 2 VP. Insgesamt 4 VP.)*
Überschlag: $400 \cdot (200 + 200) = 400 \cdot 400 = 160\,000$
Rechnung: $387 \cdot 391 = 151\,317$
Der Überschlag zeigt dir, ob du dich in der Größenordnung der Zahl (Anzahl der Stellen) vertan hast.

2 *(2 VP)*
$4^2 + 5^3 = 16 + 125 = 141$

3 *(Für den Term 2 VP und 2 VP für die Rechnung. Insgesamt 4 VP)*
$(212 - 163) \cdot (212 + 163) = 49 \cdot 375$
$= 18\,375$

4 *(Für die Rechengesetze 2 VP und 2 VP für die Rechnung. Insgesamt 4 VP)*
$8 \cdot 4 \cdot 125 \cdot 5 \cdot 25$
$= 8 \cdot 125 \cdot 4 \cdot 25 \cdot 5$ (Vertauschungsgesetz)
$= 1000 \cdot 100 \cdot 5$ (Verbindungsgesetz)
$= 1000 \cdot 500$
$= 500\,000$

5 *(Für die Umformung in eine Differenz 2 VP und 2 VP für die Rechnung. Insgesamt 4 VP)*
$= 12 \cdot (200 - 2)$
$= 12 \cdot 200 - 12 \cdot 2$
$= 2400 - 24$
$= 2376$

6 *(2 VP)*
$17784 : 741 = 24$
$\underline{1482}$
$\;\;2964$
$\;\;\underline{2964}$
$\;\;\;\;\;\;0$

7 *(Rechenweg 1 VP, Ergebnis 1 VP. Insgesamt 2 VP)*
27 Kartons − 7 Kartons = 20 Kartons
$20 \cdot 48$ Haken = 960 Haken
960 Haken sind noch vorhanden.

8 *(Für den Rechenweg 1 VP und für das richtige Ergebnis 1 VP. Insgesamt 2 VP)*
13480 : 23 = 586 Rest 2
Es werden 586 Tüten gefüllt.

Klassenarbeit 3.4

1 *(Überschlagsrechnung 2 VP, Rechnung 2 VP, Probe 2 VP. Insgesamt 6 VP)*
Überschlag: 24000 : 30 = 800
Zur Erinnerung: Wird der Dividend beim Überschlag verkleinert, sollte auch der Divisor verkleinert werden. Die Rundungsregeln treten außer Kraft. Man sucht Zahlen, mit denen man im Kopf leicht rechnen kann.
Rechnung: 25480 : 35 = 728

2 *(Term 2 VP, Rechnung 2 VP. Insgesamt 4 VP)*
(11510 − 1214) : (11 · 13)
= 10296 : 143 = 72

3 *(2 VP für den richtigen Rechenweg, 1 VP für das richtige Ergebnis. Insgesamt 3 VP)*
((117 · 21) − 67) · (76 · 42 − 3192)
= (2457 − 67) · (3192 − 3192)
= 2390 · 0 = 0

4 *(1 VP für die Summe, 1 VP für das richtige Ergebnis. Insgesamt 2 VP)*
14 · 205
= 14 · (200 + 5)
= 14 · 200 + 14 · 5 = 2800 + 70 = 2870

5 *(3 VP)*
239 · 24
 478
  956
 5736

6 *(2 VP)*
(60 + 5) · 8 = 520

7 *(Rechenweg 2 VP, Teilergebnisse je 1 VP. Insgesamt 4 VP)*
Bretter pro Tag:
1. Sorte: 6 · 190 = 1140
2. Sorte: Das Doppelte der 1. Sorte = 2280
3. Sorte: Das Dreifache der 1. Sorte = 3420
Insgesamt: 6840 Bretter
An 5 Tagen: 6840 · 5 = 34200 Bretter
Nägel pro Tag:
1. Sorte: 16 · 190 = 3040
2. Sorte: Das Doppelte der 1. Sorte = 6080
3. Sorte: Das Dreifache der 1. Sorte = 9120
Insgesamt: 18240 Nägel
An 5 Tagen: 18240 · 5 = 91200 Nägel
An 5 Tagen werden 34200 Bretter und 91200 Nägel verarbeitet.

Pinboard – Geometrie

Strecken und Geraden

Die kürzeste Entfernung zwischen zwei Punkten nennt man **Strecke**. Diese Entfernung kann man messen.
Die Punkte werden mit großen Buchstaben bezeichnet
Die Verbindungsstrecke zwischen den Punkten A und B wird mit $\overline{AB}$ bezeichnet.

Denkt man sich eine Strecke in beiden Richtungen beliebig weit verlängert, entsteht eine **Gerade**. Geraden haben keinen Anfang und kein Ende. Sie werden mit kleinen Buchstaben bezeichnet.

Strecken und Geraden können sich in einem Punkt schneiden, dem **Schnittpunkt**.

Beispiele

Du kannst eine Strecke mit einer Schnur spannen oder mit dem Lineal zeichnen.
Eine Strecke ist eine gerade Linie.

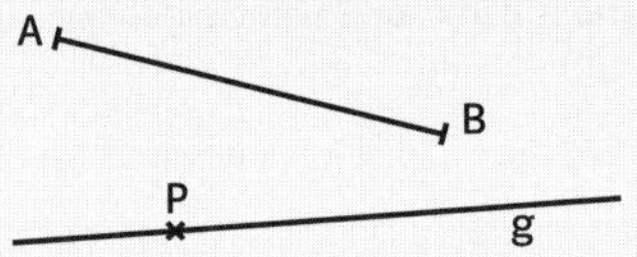

Das ist eine Linie.

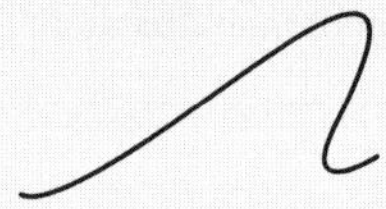

Die Gerade g veläuft durch den Punkt P.

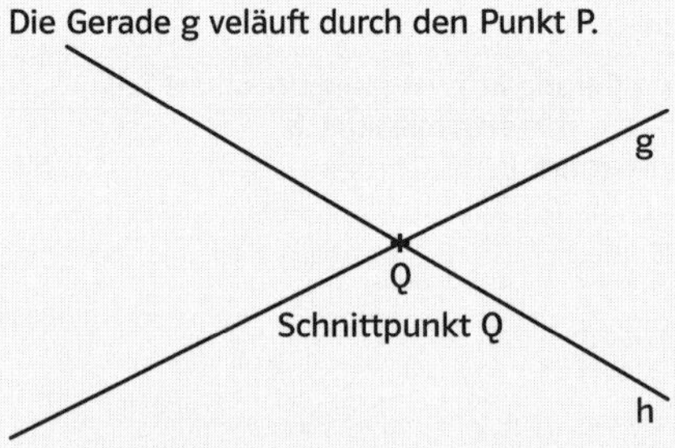

Die Fahrstrecke, z. B. von Münster nach Köln, ist keine Strecke im mathematischen Sinne.

Lagebeziehungen von Strecken und Geraden

Zwei Geraden oder Strecken stehen **senkrecht** aufeinander, wenn sie so zueinander liegen wie die lange Seite und die Mittellinie des Geodreiecks. Schreibweise: $g \perp h$ oder $\overline{AB} \perp \overline{CD}$
Zwei Geraden oder Strecken sind **parallel**, wenn sie beide auf einer dritten Geraden senkrecht stehen.
Schreibweise: $g \parallel h$ oder $\overline{AB} \parallel \overline{CD}$

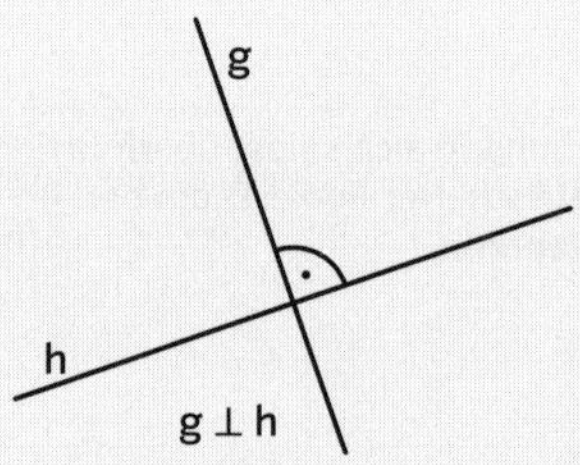

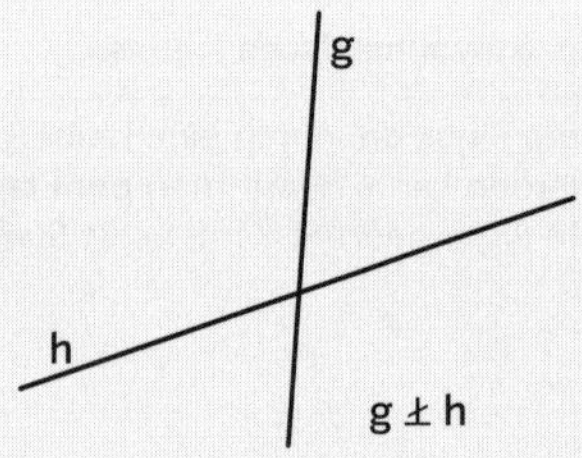

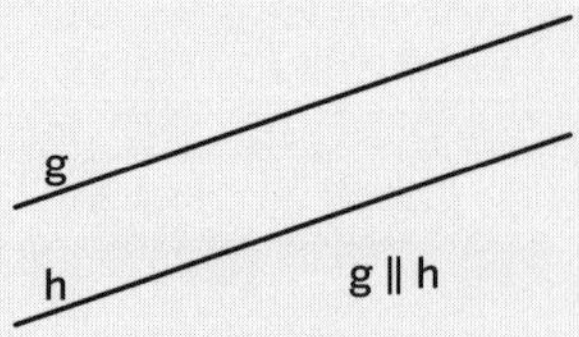

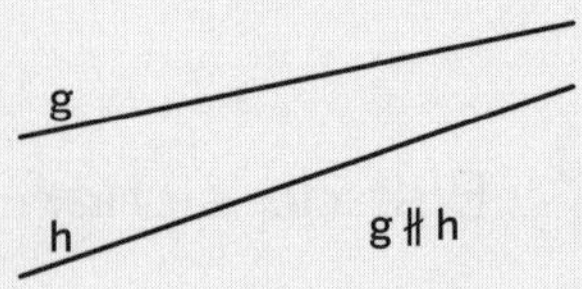

Quadratgitter

Zur genauen Beschreibung der Lage von Punkten verwendet man ein Netz aus senkrecht aufeinander stehenden Linien: Das Quadratgitternetz.
Die erste Zahl (**Rechtswert**) gibt an, wie weit man vom Nullpunkt aus auf der Rechtsachse gehen muss. Die zweite Zahl (**Hochwert**) gibt an, wie weit man in Richtung der Hochachse gehen muss.

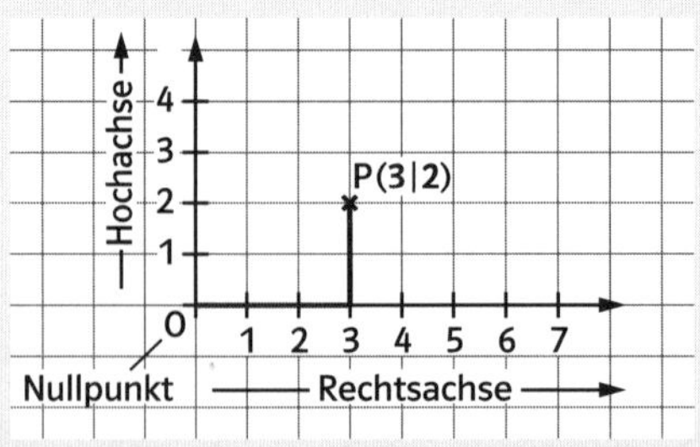

Strecken und Geraden

Entfernung und Abstand

Die Länge der Strecke zwischen zwei Punkten A und B heißt **Entfernung** zwischen A und B.

Die kürzeste Entfernung zwischen einem Punkt und einer geraden Linie nennt man **Abstand**.

Beispiele

Die Punkte A, B, C, … der Geraden g haben von Punkt P unterschiedliche Entfernungen. Die kürzeste Entfernung ist auf der Strecke $\overline{PC}$ abzulesen. Sie verläuft senkrecht zur Geraden g. Sie ist der Abstand des Punktes P zur Geraden g.

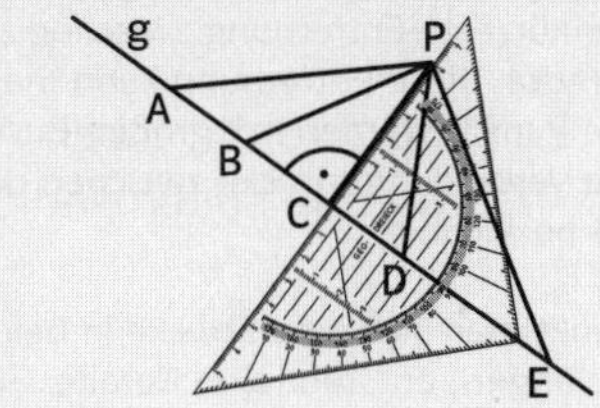

Achsensymmetrische Figuren

Wenn eine Figur durch eine Gerade in zwei spiegelbildliche Teile zerlegt werden kann, heißt sie **achsensymmetrisch**.
Die Gerade heißt **Symmetrieachse**.

achsensymmetrische Figuren

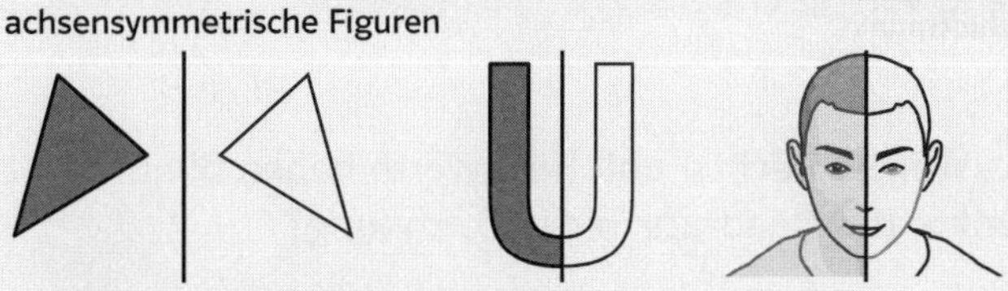

nicht achsensymmetrische Figur

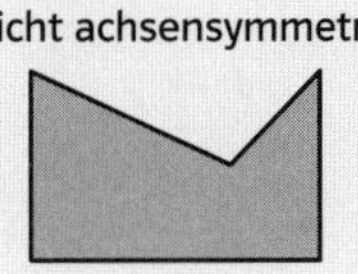

Punktsymmetrische Figuren

Eine Figur, die durch eine halbe Umdrehung in sich selbst überführt werden kann, nennt man **punktsymmetrisch**. Der Punkt Z, um den die Figur gedreht wird, heißt **Symmetriepunkt**.

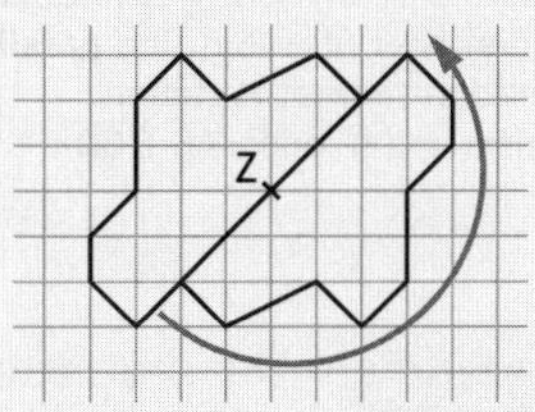

Bist du sicher?

1 Zeichne die Strecken $\overline{AB} = 6\,cm$ und $\overline{EF} = 3{,}6\,cm$.

2 Zeichne drei Geraden h, i, m, die sich in einem Punkt S schneiden.

3 Welche Geraden verlaufen senkrecht zueinander, welche parallel?

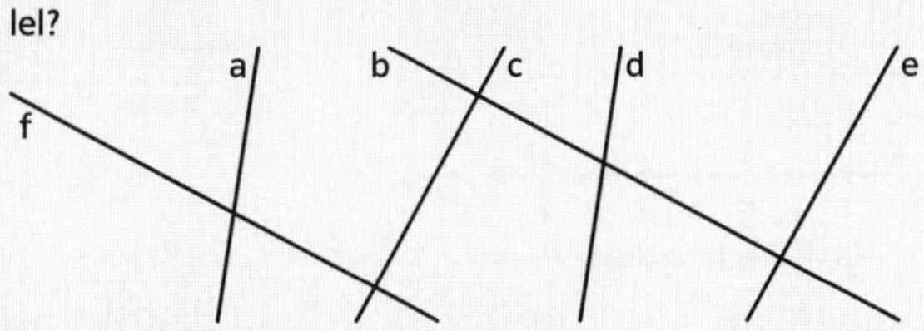

4 Mache zur folgenden Aussage eine Zeichnung:
Die Gerade a verläuft durch die Punkte P und Q.

5 Welchen Abstand hat der Punkt A zur Geraden g?

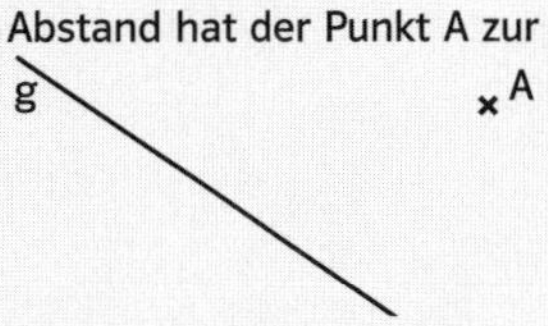

6 Zeichne in ein Quadratgitter die Punkte A(2|5), B(6|2) und C(0|4) ein.

7 Zeichne die Symmetrieachsen ein.

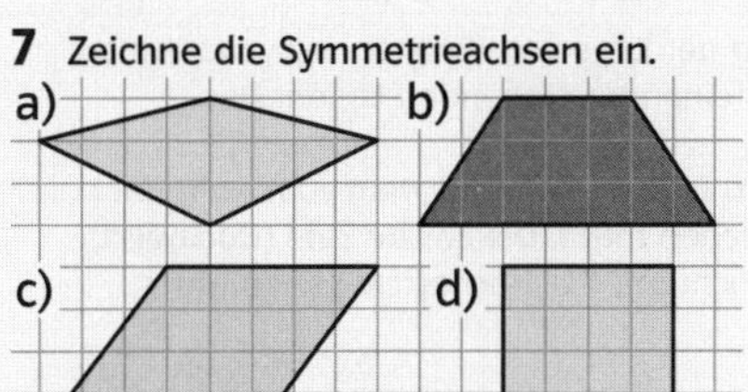

8 Welche der abgebildeten Figuren sind punktsymmetrisch? Bestimme den Symmetriepunkt.

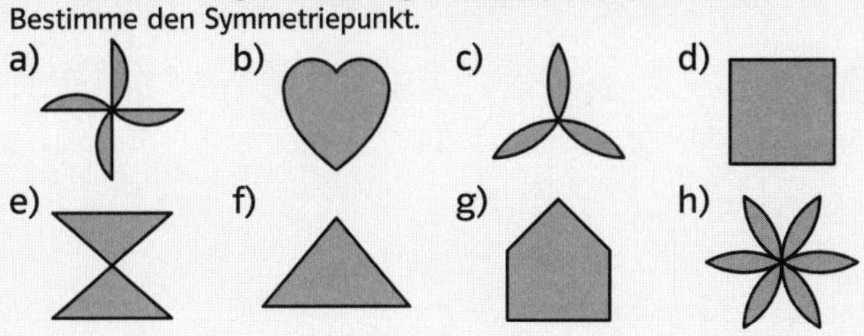

Anfangszeit: ____________ **45 min** **Abgabe:** ____________

1 Zeichne zwei Strecken $\overline{AB}$ = 4,5 cm und $\overline{FG}$ = 7,2 cm. Sie sollen senkrecht aufeinander stehen.

2 Zeichne zwei parallele Geraden g und h im Abstand von 4,5 cm.

3 Welche Rechts- und Hochwerte haben die Eckpunkte der Quadrate in der Zeichnung?

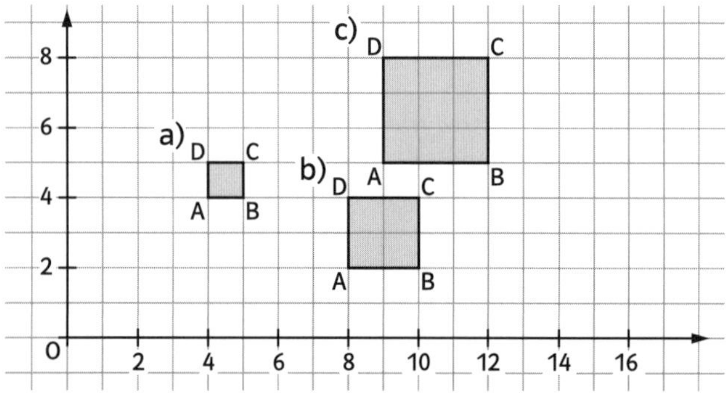

4 Zeichne in ein Quadratgitternetz die Punkte A(6 | 3) und B(2 | 7).
Verbinde die Punkte miteinander.
Was für eine Linie entsteht?

5 Zeichne zur Geraden s einen Punkt A mit dem Abstand von 2,4 cm und einen Punkt B mit dem Abstand von 3,2 cm.

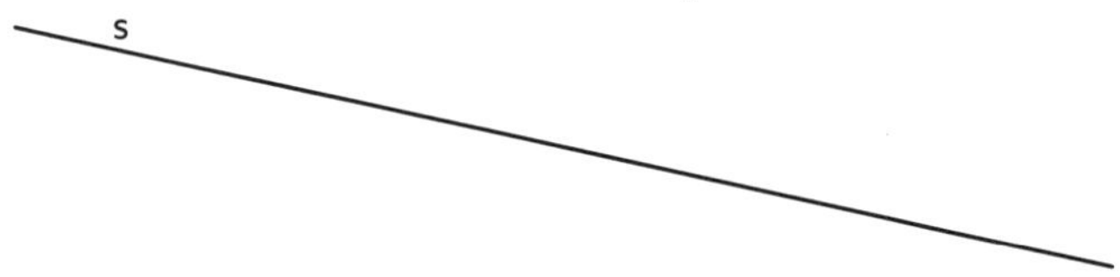

6 Welche Linien findest du in der Zeichnung? Notiere sie in der mathematischen Fachsprache.

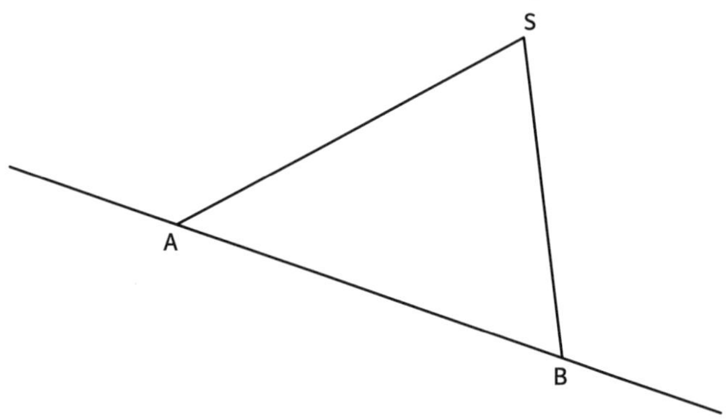

7 Zeichne drei Geraden h, i, m, die sich in einem Punkt schneiden.

Anfangszeit: ____________ **45 min** **Abgabe:** ____________

8 Wie viele Symmetrieachsen hat die abgebildete Figur?

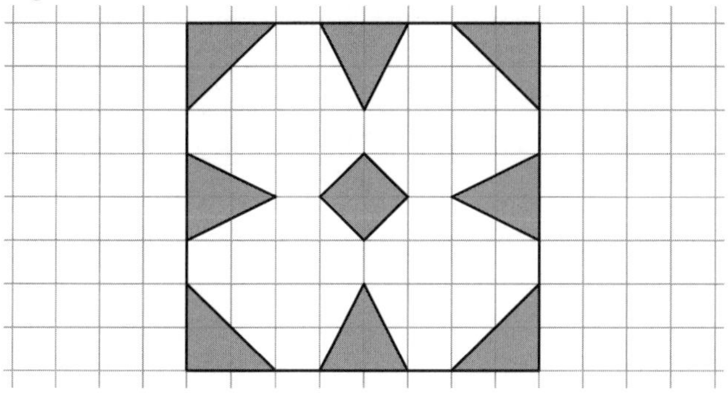

9 Welche der abgebildeten Verkehrszeichen sind punktsymmetrisch?

a) b) c)

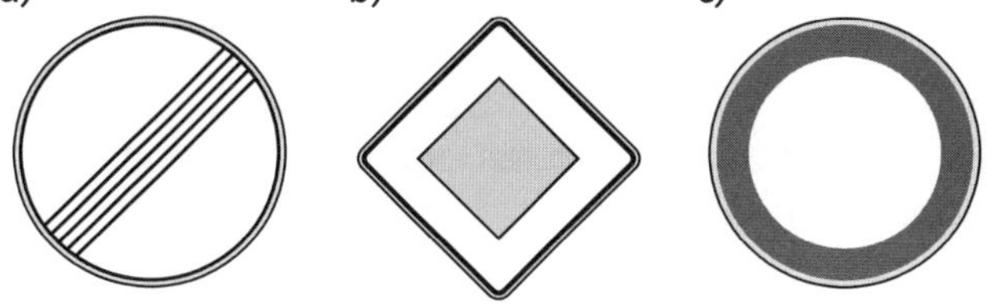

d) e) f)

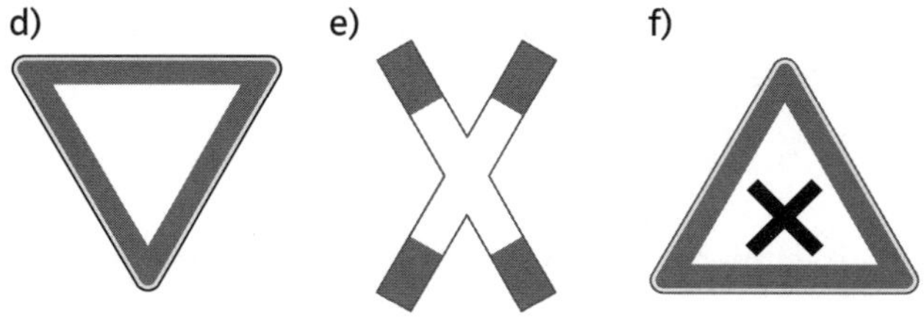

Lerntipps

zu Aufgabe 3
Zur besseren Verständigung sollten die Eckpunkte der Quadrate mit großen Buchstaben bezeichnet werden.
Zur Erinnerung: Zuerst wird der Rechtswert genannt und dann der Hochwert.

zu Aufgabe 5
Zeichne die Linien ein, die den Abstand darstellen.

zu Aufgabe 6
Erinnere dich: Strecken werden mit den Endpunkten bezeichnet. Geraden werden mit Kleinbuchstaben bezeichnet oder durch Punkte beschrieben, die auf der Geraden liegen.

zu Aufgabe 8
Trage die Symmetrieachsen in die Zeichnung ein und überprüfe noch einmal, ob es wirklich Symmetrieachsen sind.

Anfangszeit: ______________ **45 min** **Abgabe:** ______________

1 Welche Geraden verlaufen senkrecht zueinander und welche parallel?

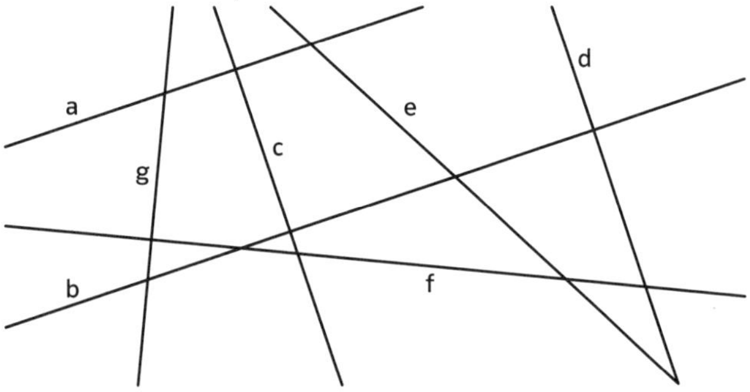

2 Zeichne durch die Punkte A und B jeweils eine Parallele zu g.
Notiere das Ergebnis.

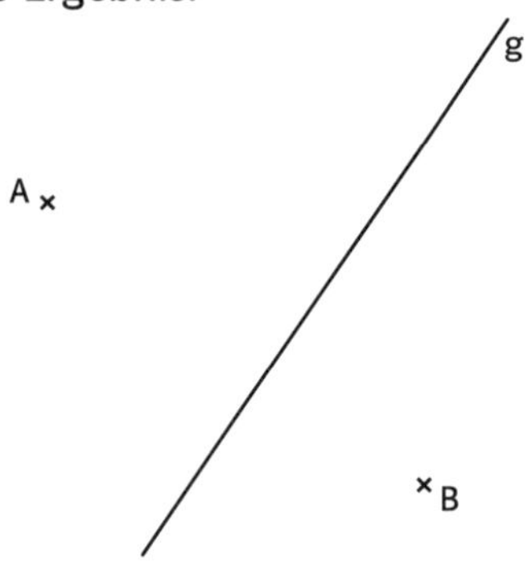

3 Miss den Abstand des Punktes A von den Geraden g und h.

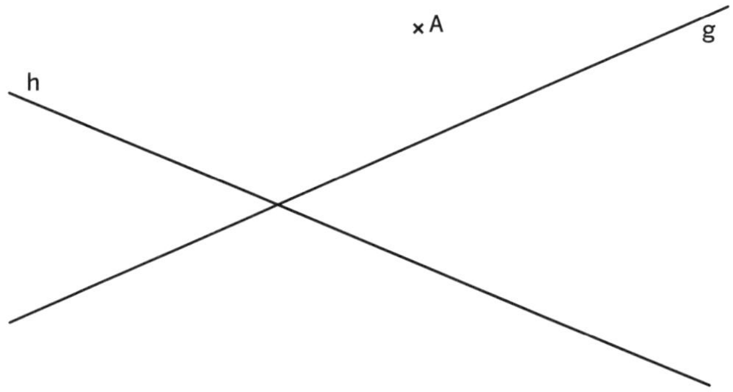

4 Zeichne drei Geraden a, b, c, für die gilt: $a \parallel b$ und $c \perp a$.
Was fällt dir auf?

5 Zeichne die Punkte A(3|2), B(6|3) und C(6|5) in ein Quadratgitternetz.
Wie weit sind sie voneinander entfernt?

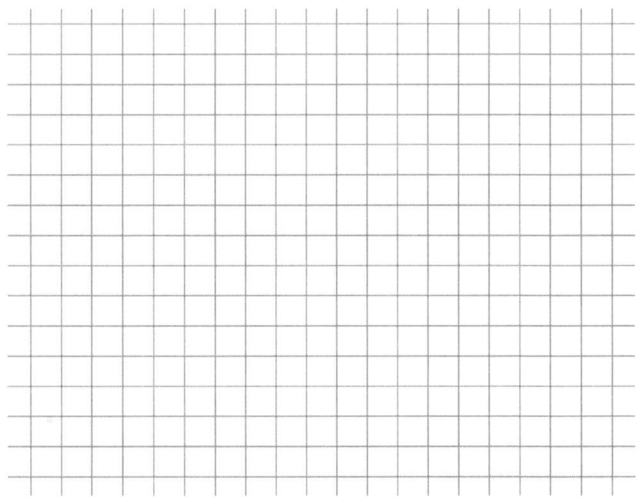

Anfangszeit: ____________ **45 min** **Abgabe:** ____________

6 Ergänze zur achsensymmetrischen Figur.

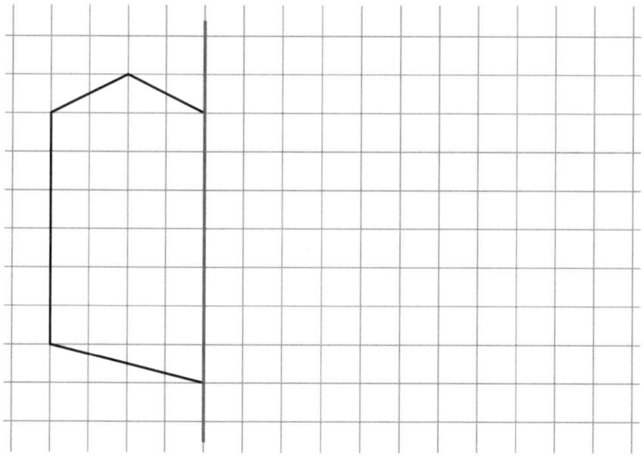

7 Ergänze zur punktsymmetrischen Figur.

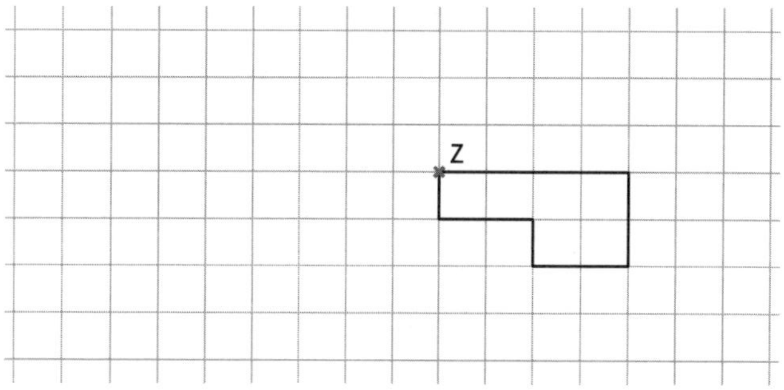

Lerntipps

zu Aufgabe 1
Kontrolliere mit dem Geodreieck, wenn du unsicher bist.

zu Aufgabe 2
Benutze beim Notieren die mathematische Fachsprache. Du solltest also die gezeichneten Parallelen benennen und das Ergebnis mit dem Parallelzeichen (||) notieren.

zu Aufgabe 3
Du musst unbedingt die Senkrechten von A zu den Geraden g und h einzeichnen, damit du genau messen kannst.

zu Aufgabe 4
Achte auf die Senkrechte zu a. Man kann noch eine Aussage über die Gerade c machen.

zu Aufgabe 5
Wähle für das Quadratgitternetz die Einheit 1cm. Dann kannst du die Entfernungen leichter messen.

zu Aufgabe 6
Es hilft, wenn du die Kästchen abzählst. Verlasse dich aber nicht ganz darauf. Das Auge kann manchen Fehler entdecken.

zu Aufgabe 7
Es soll eine punktsymmetrische Figur entstehen und keine achsensymmetrische.

Anfangszeit: ____________ **45 min** **Abgabe:** ____________

1 Miss den Abstand des Punktes P zu den Geraden g, h und i.

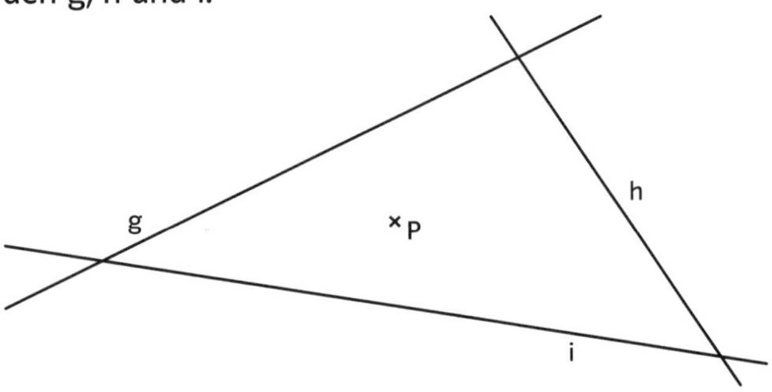

2 Zeichne drei Geraden mit zwei Schnittpunkten.

3 Zeichne in ein Quadratgitternetz die Punkte A(6 | 4), B(8 | 7) und C(10 | 5).
a) Zeichne die Gerade $\overline{AB}$ und die Strecken $\overline{AC}$ und $\overline{BC}$.
b) Zeichne eine Senkrechte zu $\overline{AB}$ durch den Punkt C.
c) Zeichne eine Prallele zu $\overline{AB}$ durch C.
d) Wie weit ist der Punkt C von der Geraden $\overline{AB}$ entfernt?

4 Woran kann man erkennen, dass zwei Geraden parallel zueinander verlaufen?

5 Mache eine Zeichnung zu folgender Aussage. Die Gerade a schneidet die Gerade b senkrecht im Punkt P.

6 Ergänze zu einer achsensymmetrischen Figur.

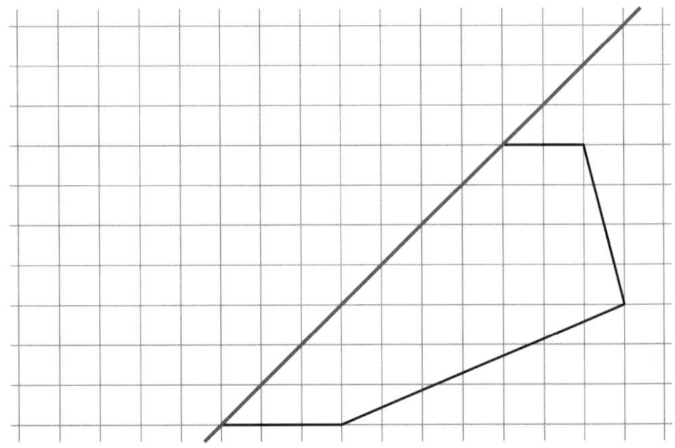

7 Welche Blütenbilder sind punktsymmetrisch? Woran erkennst du das?

Amaryllis | Wachsblume | Gelber Enzian | Aster

Lerntipps

zu Aufgabe 1
Man kann nur messen, wenn auch eine Linie vorhanden ist. Du musst also die Senkrechten von P aus auf die Geraden zeichnen und dann kannst du den Abstand messen.
zu Aufgabe 2
Eine kleine Knobelaufgabe. Zwei Geraden müssen eine besondere Lage zueinander haben.
zu Aufgabe 3
a) Du musst dabei zwischen Gerade und Strecke unterscheiden.
b) Die Senkrechte ist auch eine Gerade.
c) Eine Parallele ist ebenfalls eine Gerade.
d) Jetzt musst du eine Strecke zeichnen, damit du die Entfernung messen kannst.
zu Aufgabe 6
Die Aufgabe ist etwas schwieriger. Zur Hilfe kannst du die Kästchen abzählen. Verlasse dich aber nicht ganz darauf. Das Auge kann manchen Fehler entdecken.
zu Aufgabe 7
Suche den Symmetriepunkt und kontrolliere dann mit dem Lineal.

Anfangszeit: ______________ **45 min** **Abgabe:** ______________

1 Welche Strecken verlaufen in der abgebildeten Figur parallel zueinander und welche stehen senkrecht aufeinander?

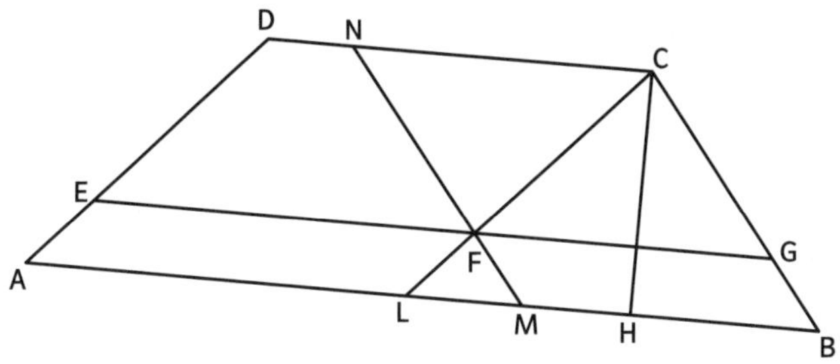

2 Miss den Abstand des Punktes P zu den Seiten des Vierecks.

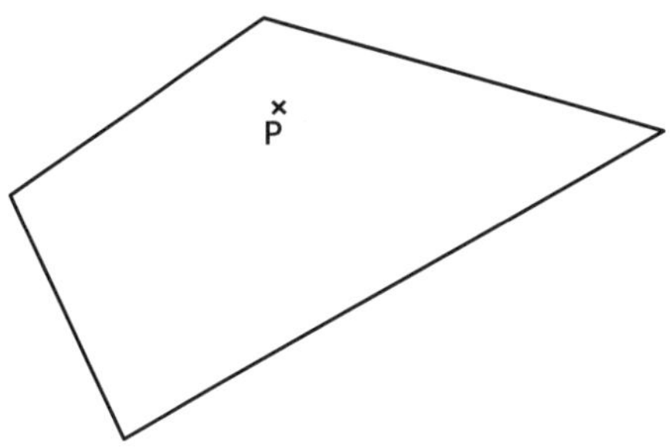

3 Mache eine Zeichnung zu folgender Aussage. Der Punkt D liegt nicht auf den Geraden a und b.

4 Zeichne zwei Parallelen d und e im Abstand von 2 cm und zwei Parallelen c und b im Abstand von 1,2 cm. Die Parallelen sollen sich in 4 Punkten schneiden.

5 a) Zeichne die Punkte A (6|8), B (12|9) und C (8|12).
b) Gehe von A, B und C jeweils 9 Einheiten nach rechts und 4 Einheiten nach oben. Du erhältst so die Punkte A′, B′ und C′.
c) Zeichne die Verbindungsstrecken $\overline{AA'}$, $\overline{BB'}$ und $\overline{CC'}$.
d) Was kannst du über den Verlauf dieser drei Strecken sagen?

6 Zeichne die Figur zweimal in dein Heft. Durch unterschiedliches Färben kann man aus der Figur einmal eine achsensymmetrische und einmal eine punktsymmetrische Figur erzeugen.

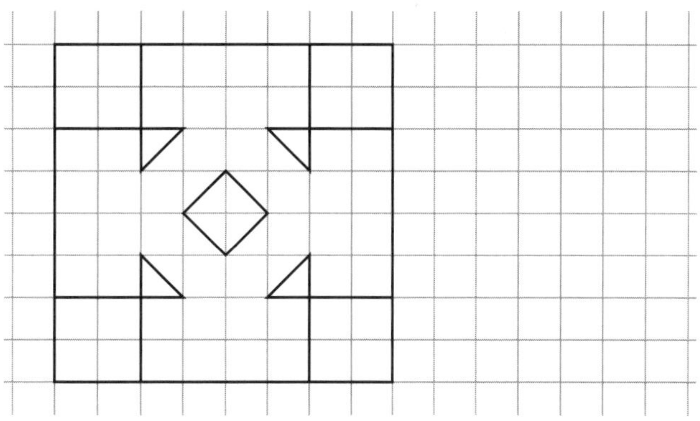

Bist du sicher?

1

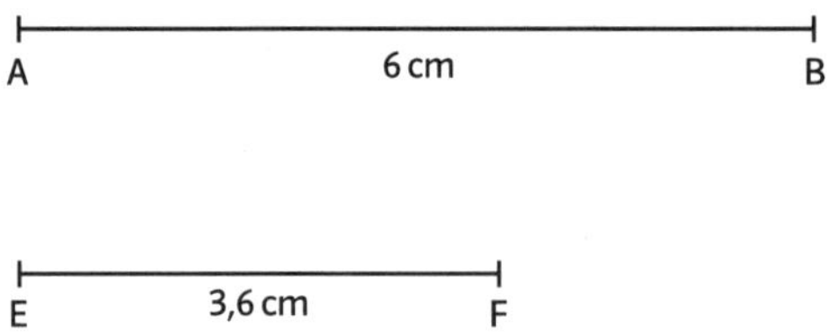

Denke an die Bezeichnung der Endpunkte.

2
Mögliche Lösung:

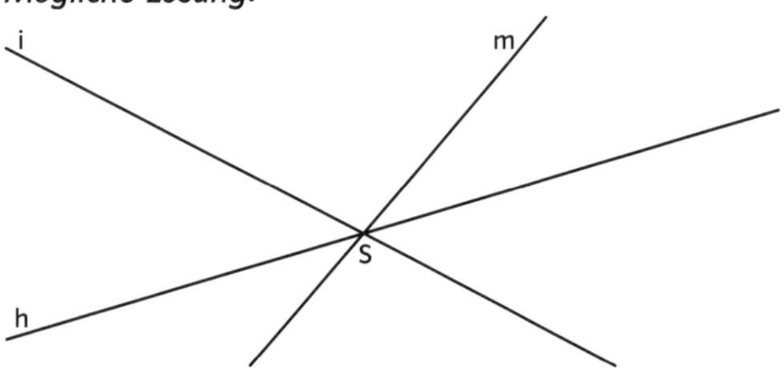

Denke an die Bezeichnung der Geraden und des Schnittpunkts.

3
a ∥ d; c ∥ e; b ∥ f
c ⊥ b; c ⊥ f; b ⊥ e; f ⊥ e

4

Auch hier die Bezeichnungen nicht vergessen.

5
Der Abstand beträgt 15 mm.
Du musst dazu eine Senkrechte zur Geraden g durch den Punkt A zeichnen.

6

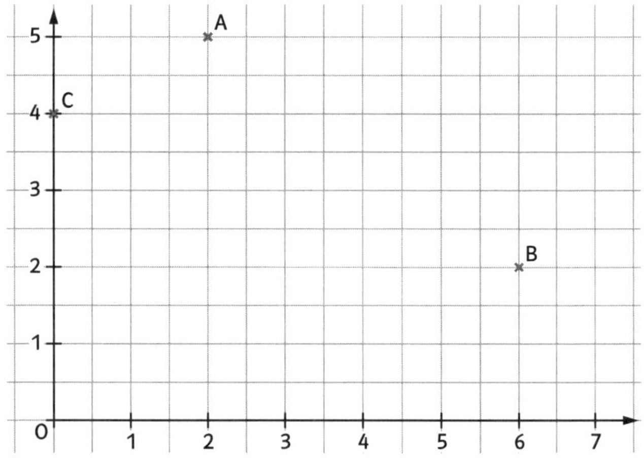

7

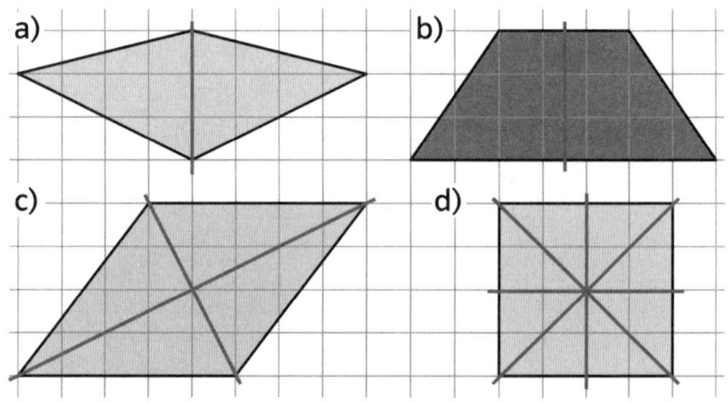

8 Die Figuren a), d), e) und h) sind punktsymmetrisch.

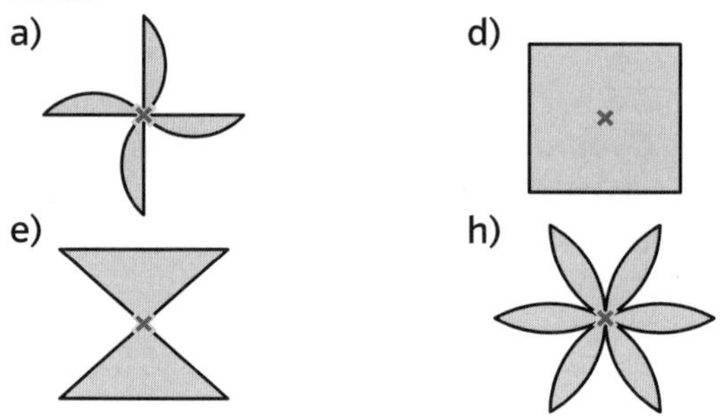

Klassenarbeit 4.1

1 *(Je 1 VP für die richtige Länge, 1 VP für die Senkrechte und 1 VP für die Beschriftung. Insgesamt 4 VP)*
Achte auf die Beschriftung.
Mögliche Lösung:

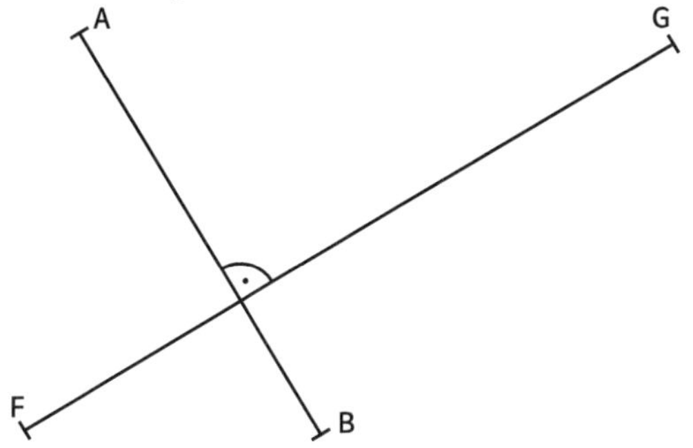

2 *(Parallelen sind beschriftet (1VP) und haben den richtigen Abstand (1VP). Insgesamt 2 VP)*
Mögliche Lösung:

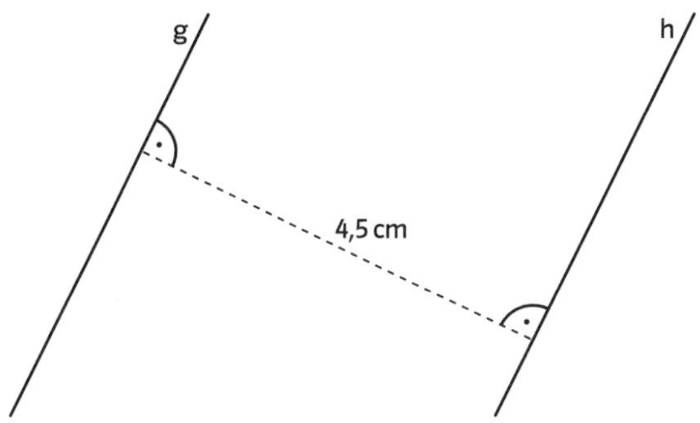

3 *(Für jedes Quadrat 1 Punkt. Insgesamt 3 VP)*
a) A(4 | 4), B(5 | 4), C(5 | 5), D(4 | 5)
b) A(8 | 2), B(10 | 2), C(10 | 4), D(8 | 4)
c) A(9 | 5), B(12 | 5), C(12 | 8), D(9 | 8)

4 *(1 VP für die Zeichnung und 1 VP für die Bezeichnung Strecke. Insgesamt 2 VP)*

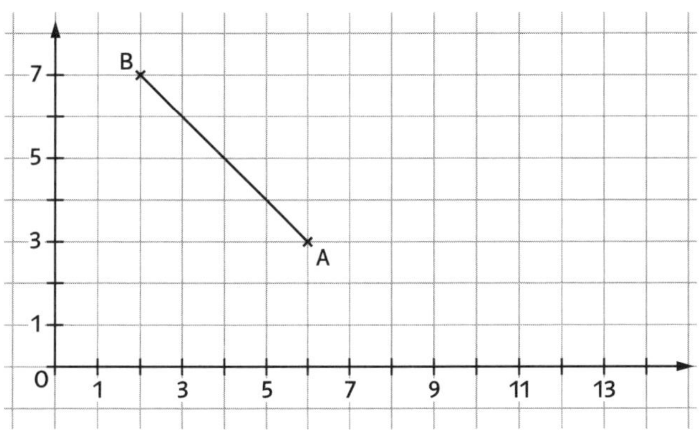

Man erhält die Strecke $\overline{AB}$.

5 *(1VP für die Senkrechten, 2 VP für den richtigen Abstand. Insgesamt 3 VP)*
Die gestrichelten Linien sind Hilfslinien. Zur Kontrolle solltest du sie auch einzeichnen.
Mögliche Lösung:

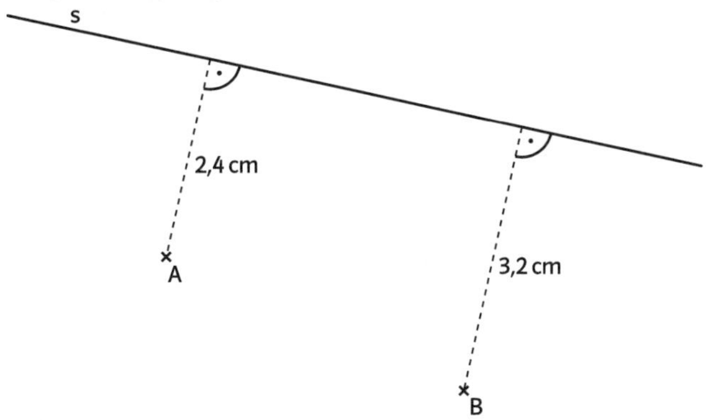

6 *(1 VP für die beiden Strecken, 1 VP für die Gerade und 2 VP für die mathematische Schreibweise. Insgesamt 4 VP)*
Es sind die zwei Strecken $\overline{AS}$, $\overline{BS}$ und die Gerade g durch A und B.

7 *(Bezeichnung der Geraden 1 VP, Schnittpunkt 1 VP. Insgesamt 2 VP)*
Mögliche Lösung:

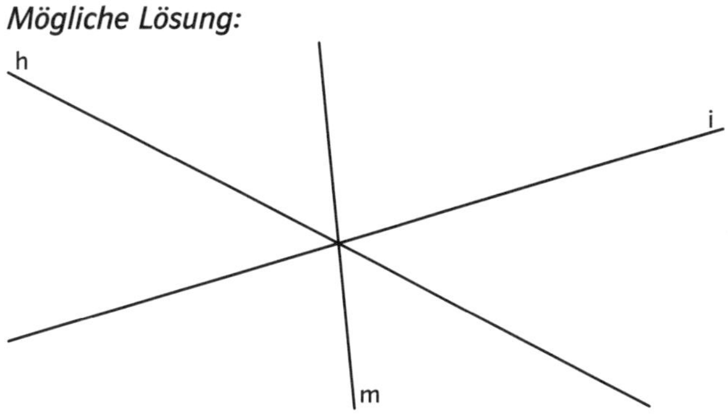

8 *(1 VP für die eingezeichneten Symmetrieachsen und 1 VP für die richtige Anzahl. Insgesamt 2 VP)*
Die Figur hat 4 Symmetrieachsen:

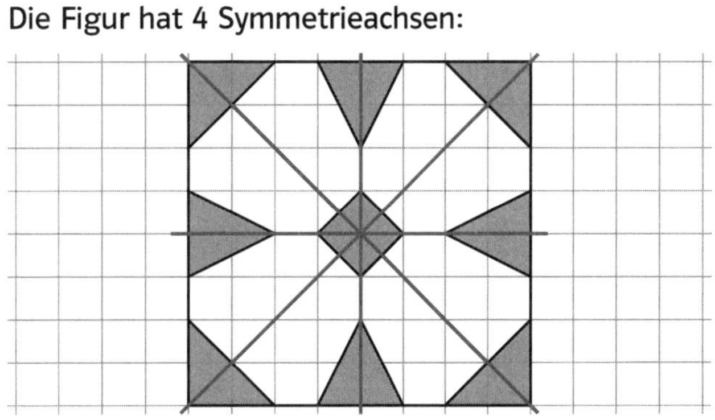

9 *(1 VP für jede Figur. Insgesamt 4 VP)*

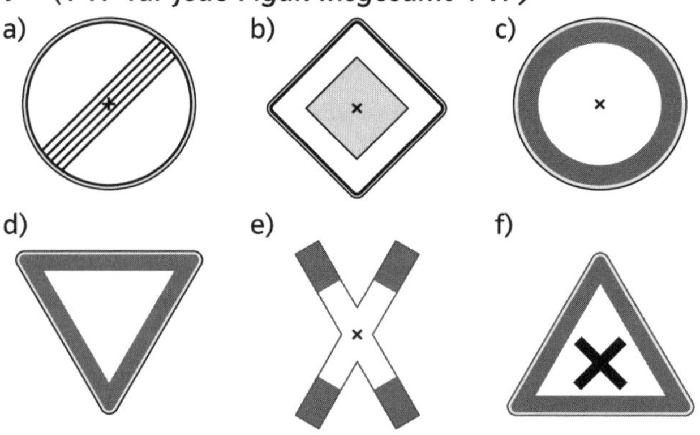

Die Figuren a), b), c) und e) sind punktsymmetrisch.

Klassenarbeit 4.2

1 *(Für die ersten sechs Geradenpaare je 0,5 VP, für das siebte Geradenpaar 1 VP. Für die Schreibweise 1 VP. Insgesamt 5 VP)*
Unter der Schreibweise versteht man die Anwendung des Parallelenzeichens (||) und des Senkrechtzeichens (⊥).
a || b, c || d, b ⊥ c , g ⊥ f, d ⊥ b, c ⊥ a, d ⊥ a
Da c ⊥ a und d || c gilt auch: d ⊥ a. Das ist in der Zeichnung nicht zu sehen.

2 *(Für das Zeichnen der beiden Parallelen 1 VP, für die Schreibweise 2 VP. Insgesamt 3 VP)*
Denke daran, dass alle Linien und Punkte immer bezeichnet werden. Bezeichnet man die beiden neu gezeichneten Parallelen mit h und i, dann kann man schreiben:
h || g und i || g und h || i.

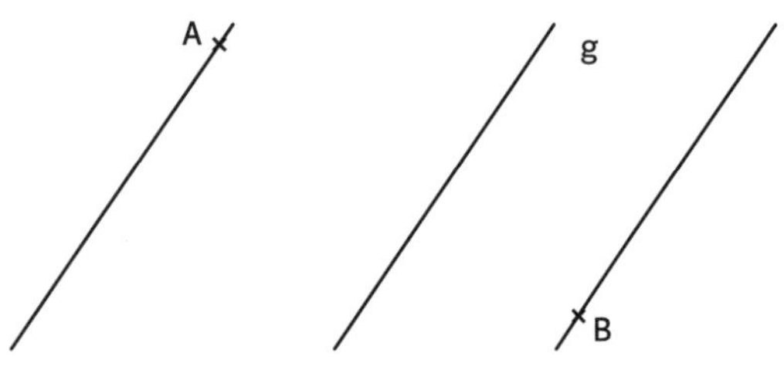

3 *(Für das Zeichnen der Senkrechten je 1 VP, für den richtigen Abstand je 0,5 VP. Insgesamt 3 VP)*

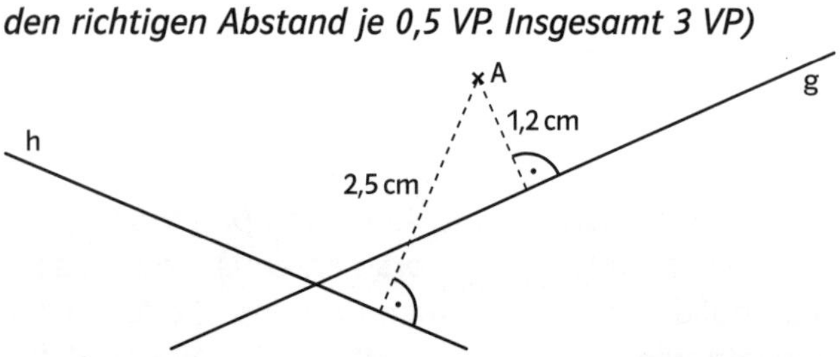

4 *(Für die Zeichnung 2 VP, Beantwortung der Frage 2 VP. Insgesamt 4 VP)*
Mögliche Lösung:

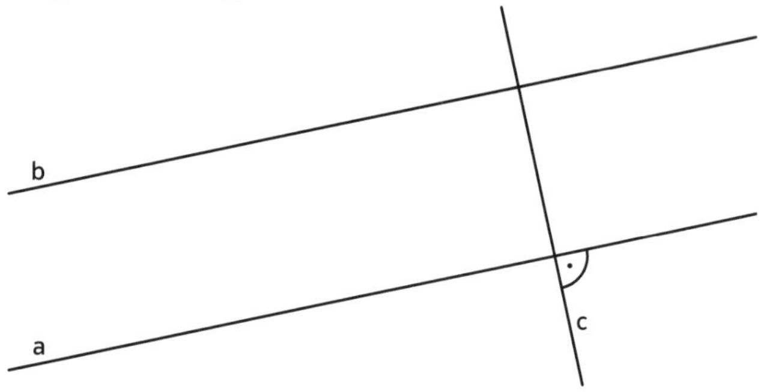

Wenn c ⊥ a und a || b, dann ist auch c ⊥ b.

5 *(Für die richtige Lage der Punkte je 0,5 VP, für die Entfernungsmessung je 0,5 VP. Insgesamt 3 VP)*

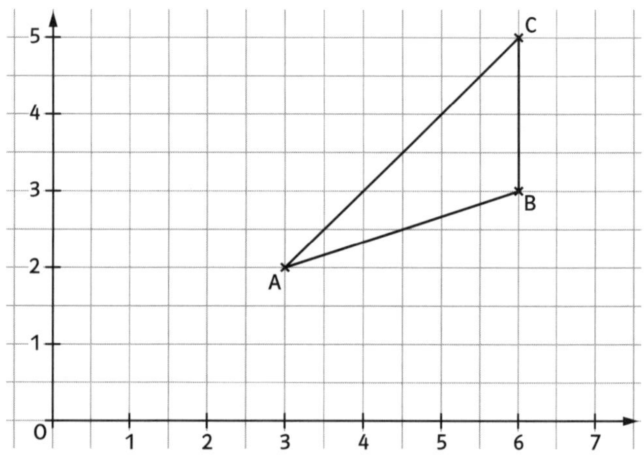

Wählt man für die Länge der Einheit im Quadratgitternetz 1 cm, erhält man folgende Entfernungen:
$\overline{AB}$ = 3,2 cm; $\overline{BC}$ = 2 cm; $\overline{AC}$ = 4,2 cm.

6 *(Für jeden richtig gespiegelten Eckpunkt je 1 VP. Insgesamt 3 VP)*

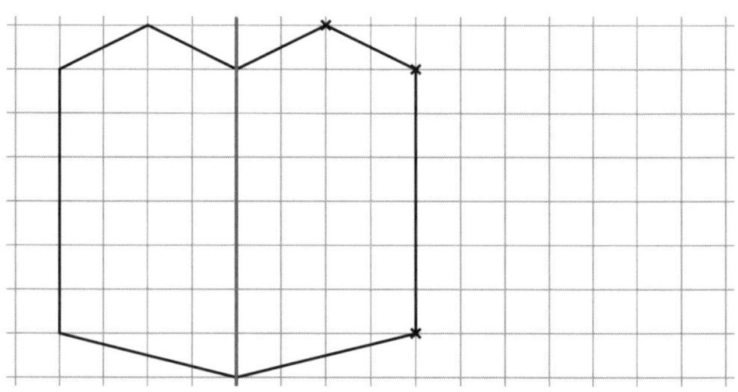

7 *(3 VP)*

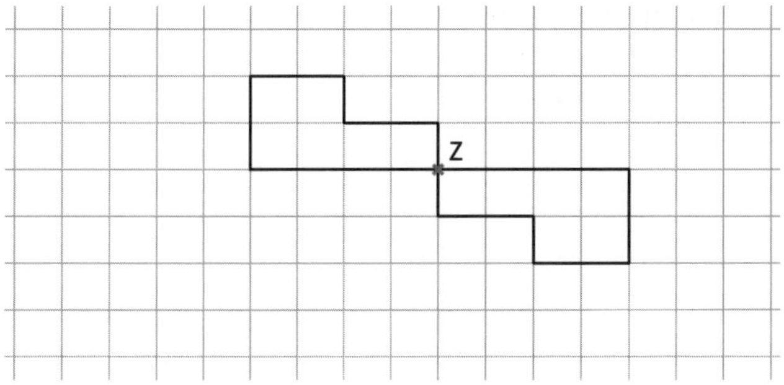

Klassenarbeit 4.3

1 *(Für die 3 Senkrechten je 0,5 VP, für die Abstände ebenfalls je 0,5 VP, für das exakte Zeichnen 1 VP. Insgesamt 4VP)*

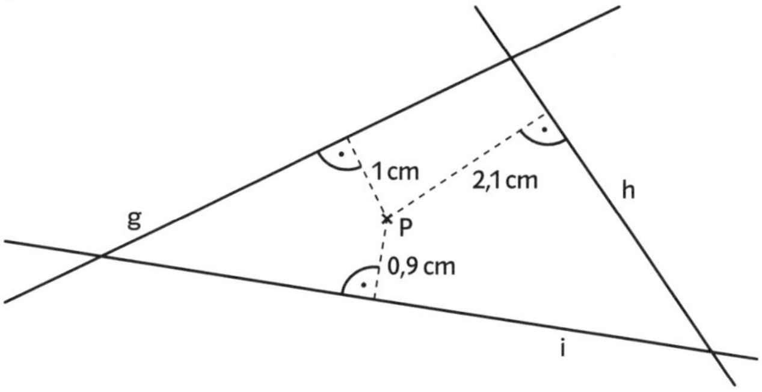

2 *(2 VP)*
Mögliche Lösung:

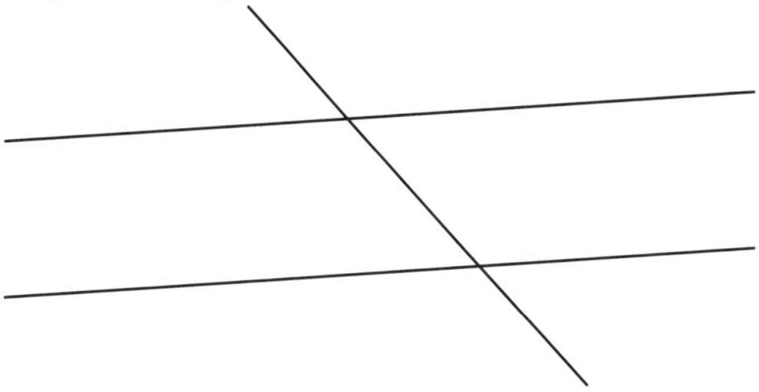

Da die drei Geraden nur zwei Schnittpunkte haben sollen, müssen zwei Geraden parallel zueinander verlaufen.

3 *(Für das Quadratgitternetz und die eingezeichneten Punkte 2 VP, für die Gerade $\overline{AB}$ 1 VP und für die Strecken $\overline{AC}$ und $\overline{BC}$ je 0,5 VP, für die Teilaufgaben b), c) und d) je 1 VP. Insgesamt 7 VP)*

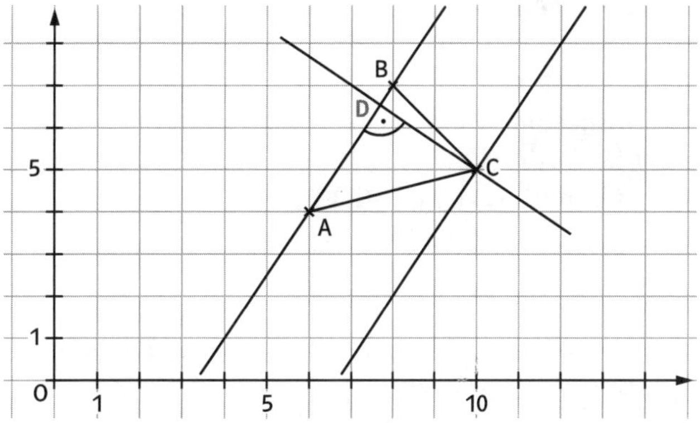

Die Strecke $\overline{DC}$ ist der Abstand des Punktes C von der Geraden $\overline{AB}$. Die Länge der Entfernung beträgt 1,4 cm, wenn man für die Einheit des Quadratgitternetzes 0,5 cm wählt.

4 *(2 VP)*
Die Geraden haben immer den gleichen Abstand zueinander. Sie schneiden sich nicht.

5 *(2 VP)*
Mögliche Lösung:

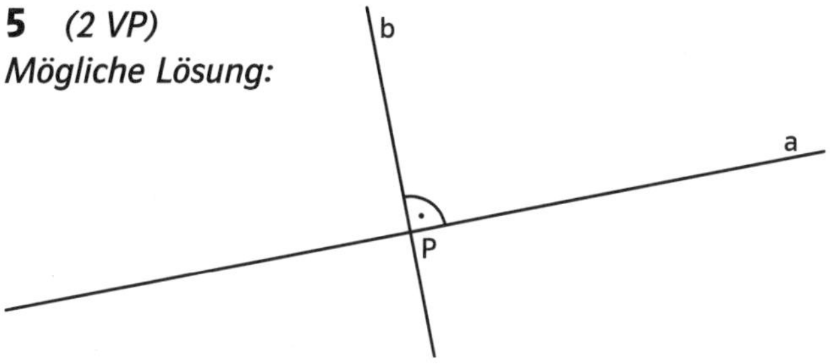

6 *(Für jeden Eckpunkt 1 VP. Insgesamt 3 VP)*

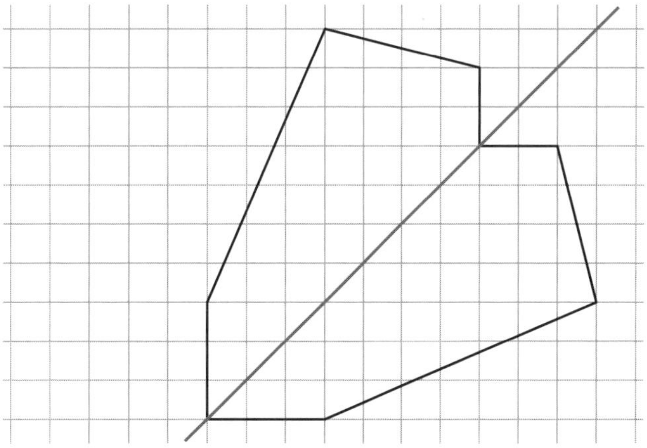

7 *(2 VP für die Auswahl der Blütenbilder und 2 VP für die Erklärung. Insgesamt 4 VP)*
Der Gelbe Enzian und die Aster sind punktsymmetrisch. Man kann das daran erkennen, dass das Blütenbild nach einer halben Drehung wieder so aussieht wie zuvor.

Klassenarbeit 4.4

1 *(Insgesamt 4 VP)*
$\overline{DC} \parallel \overline{EG} \parallel \overline{AB}$ (1 VP)
$\overline{AD} \parallel \overline{CL}$ und $\overline{NM} \parallel \overline{BC}$ (2 VP)
$\overline{HC} \perp \overline{DC}$, $\overline{EG}$ und $\overline{AB}$ (1 VP)

2 *(Für die Senkrechten je 0,5 VP, für die Längen je 0,5 VP. Insgesamt 4 VP.)*

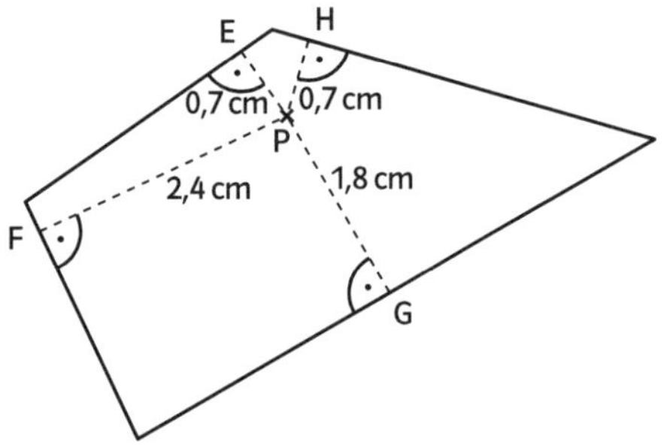

$\overline{EP}$ = 0,7 cm; $\overline{FP}$ = 2,4 cm;
$\overline{GP}$ = 1,8 cm; $\overline{HP}$ = 0,7 cm

3 *(Für die Geraden a und b 1 VP, für die Lage des Punktes D 1 VP. Insgesamt 2 VP.)*
Mögliche Lösung:

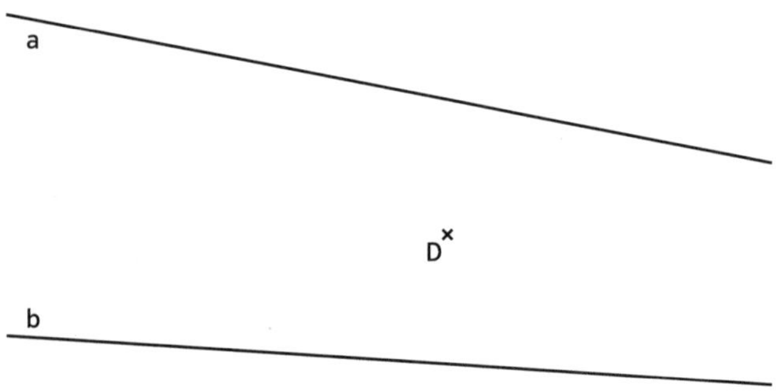

4 *(Für jedes Parallelenpaar im richtigen Abstand 1 VP. Es sind 4 Schnittpunkte vorhanden: 1 VP. Insgesamt 3 VP.)*
Mögliche Lösung:

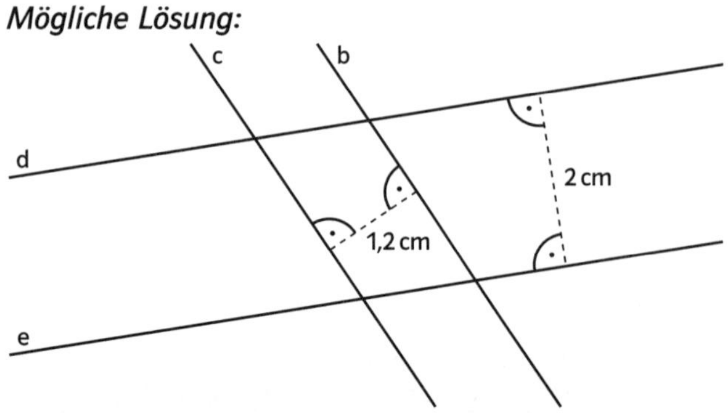

5 *(2 VP für das Gitternetz und die richtige Lage der Punkte, für die Punkte A′, B′ und C′ je 0,5 VP, für die Verbindungsstrecken je 0,5 VP und für die Teilaufgabe d) 2 VP. Insgesamt 7 VP.)*
a) – c)

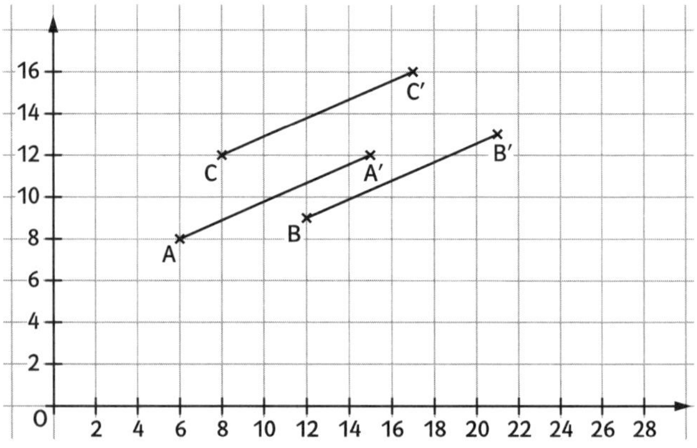

d) Die drei Strecken verlaufen parallel zueinander.

6 *(Für die achsensymmetrische und die punktsymmetrische Figur je 2 VP. Insgesamt 4 VP.)*
Mögliche Lösungen:

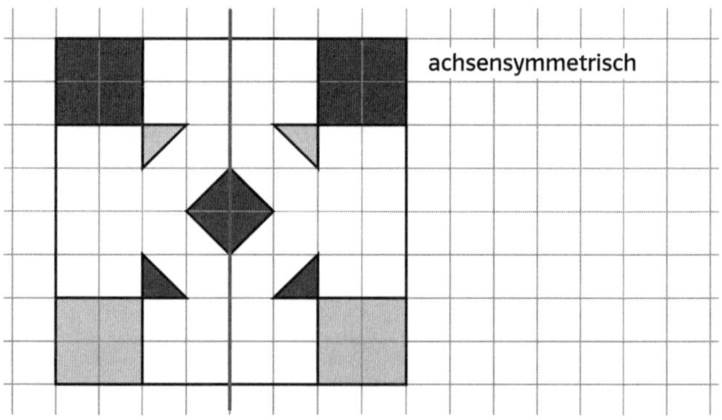

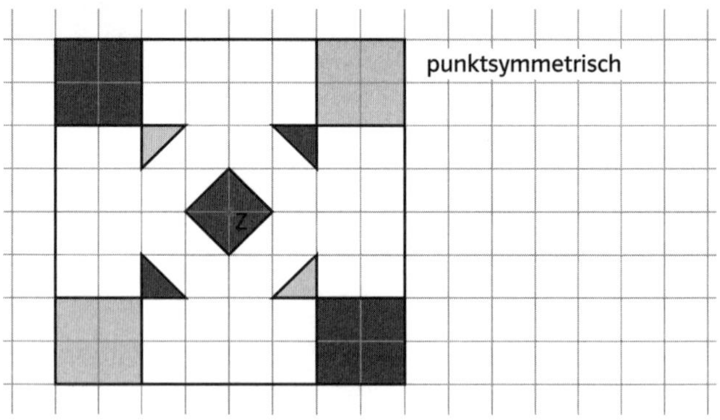

Pinboard – Flächen und Körper

Flächen

Rechteck und Quadrat

Ein Rechteck hat vier rechte Winkel. Die gegenüberliegenden Seiten sind parallel zueinander und gleich lang.

Ein Quadrat ist ein besonderes Rechteck. Alle vier Seiten sind gleich lang.

Die Verbindungsstrecken gegenüberliegender Eckpunkte heißen Diagonalen. Sie sind gleich lang. Im Quadrat stehen sie zueinander senkrecht.
Rechteck und Quadrat sind achsen- und punktsymmetrisch.

Beispiele

Rechteck

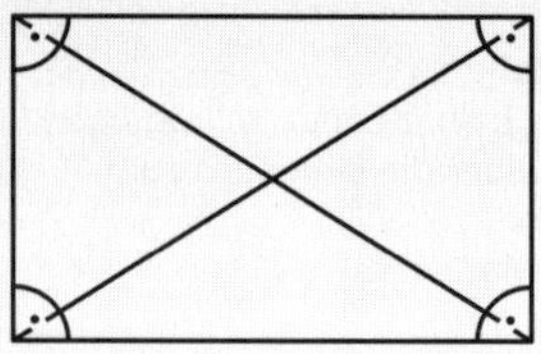

Quadrat

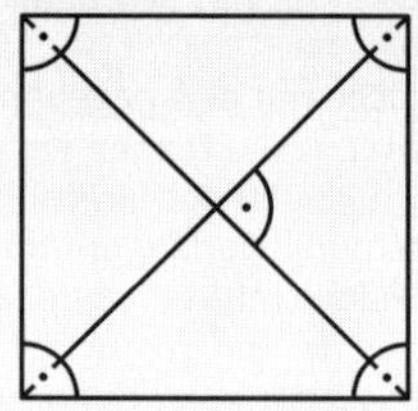

Parallelogramm und Raute

Beim Parallelogramm sind gegenüberliegende Seiten gleich lang und parallel zueinander.

Die **Raute** ist ein besonderes Parallelogramm. Alle vier Seiten sind gleich lang.

Das Parallelogramm ist punktsymmetrisch.
Die Raute ist punkt- und achsensymmetrisch.

Parallelogramm

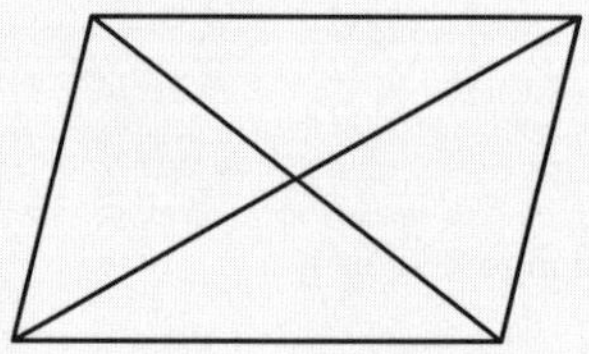

Raute

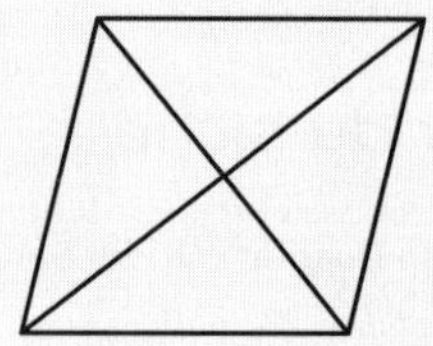

Drachen und symmetrisches Trapez

Der **Drachen** hat zwei Eckpunkte, in denen gleich lange Seiten aneinanderstoßen. Diese Eckpunkte liegen einander gegenüber. Die Symmetrieachse verläuft durch diese beiden Eckpunkte.

Das **symmetrische Trapez** hat zwei parallele Seiten. Die anderen zwei Seiten sind gleich lang. Die Symmetrieachse verläuft durch die Mittelpunkte der beiden parallelen Seiten.

Drachen

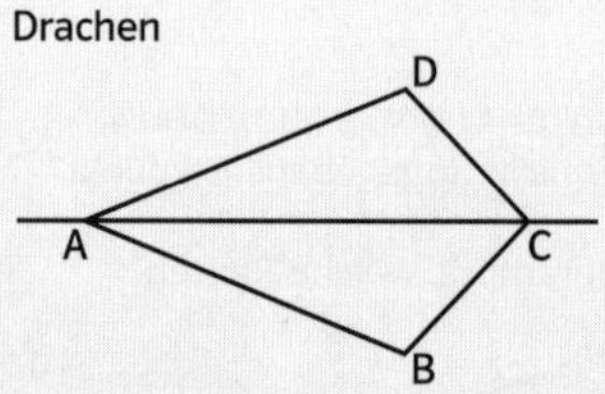

achsensymmetrisches Trapez

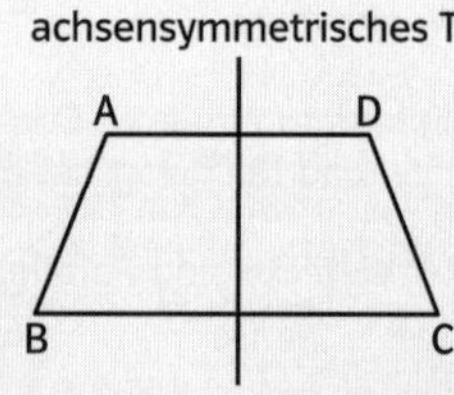

Körper

Würfel

Der **Würfel** hat
- sechs quadratische Seitenflächen,
- zwölf Kanten,
- acht Eckpunkte.

Seine Kanten sind gleich lang und je vier Kanten sind zueinander parallel.
Je vier Kanten begrenzen die Grundfläche und die Deckfläche des Würfels.

Quadratsechslinge, aus denen sich ein Würfel falten lässt, heißen **Würfelnetze**.

Würfel

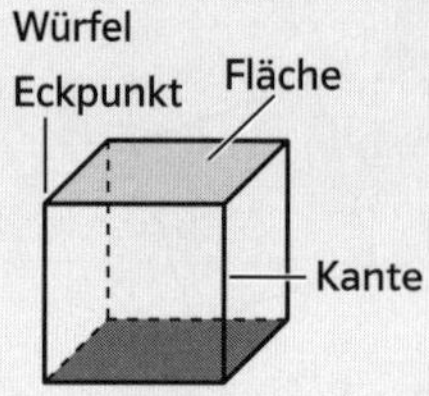

Würfelnetz

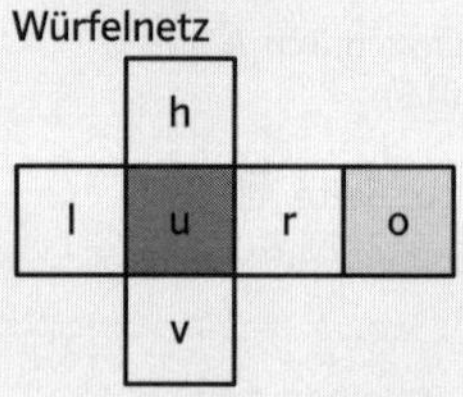

Merkzettel
Körper werden von Flächen begrenzt. Wo zwei Flächen zusammenstoßen, entstehen Kanten. Wo Kanten zusammenstoßen, entstehen Eckpunkte.

Quader

Der **Quader** hat
- sechs rechteckige Seitenflächen,
- zwölf Kanten,
- acht Eckpunkte.

Je zwei gegenüberliegende Rechtecke sind gleich groß.

Besondere Quader:
Ein Quader mit acht gleich langen Kanten ist eine **quadratische Säule.**
Ein Quader mit zwölf gleich langen Kanten ist ein **Würfel.**

Quader

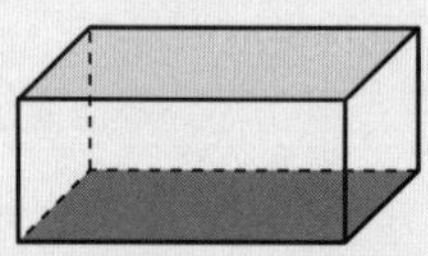

Quadernetz

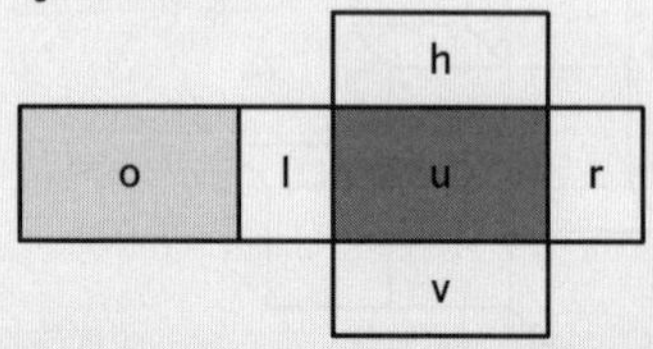

Würfel und Quader im Schrägbild

Im Schrägbild wird ein Körper räumlich dargestellt. Man kann ihn sich so besser vorstellen.
Das ist der Ablauf für das Schrägbildzeichnen:
Zeichne
- die Vorderfläche mit den gegebenen Maßen. (1)
- die nach hinten verlaufenden Kanten in halber Länge schräg nach rechts oben. Du kannst der Einfachheit halber die Linien bis zum nächsten Gitterpunkt verlängern oder verkürzen. (2)
- die hintere Fläche mit den gegebenen Maßen. (3)
- die verdeckten Kanten gestrichelt.

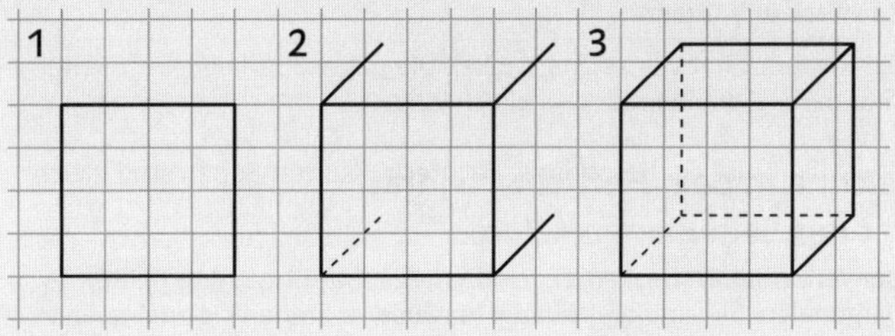

Bist du sicher?

1 Zeichne ein Quadrat mit der Seitenlänge 3,5 cm.

2 Zeichne ein Rechteck mit den Seitenlängen 5,5 cm und 4,2 cm.

3 Von einem Quadrat sind folgende Punkte bekannt.
A(3|3), B(8|3) und C(8|8). Finde den Punkt D ohne Zeichnung. Erkläre dein Vorgehen.

4 Das Parallelogramm hat die Eckpunkte A(1|1), B(8|1), D(4|4). Welchen Rechts- und Hochwert hat der nicht angegebene Eckpunkt?

5 Welche der Vierecke sind Parallelogramme, welche Rauten?

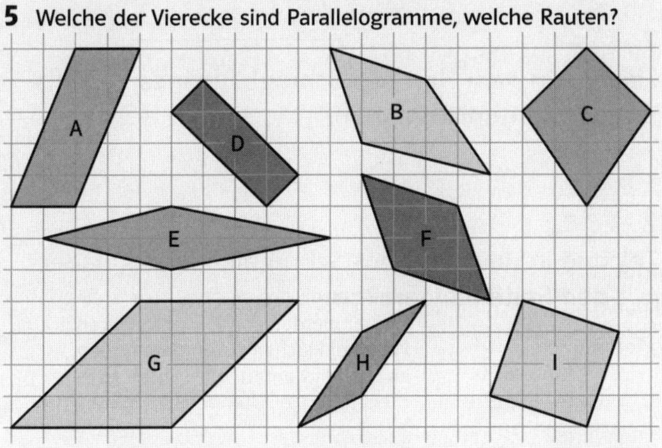

6* Zeichne den Drachen mit der Symmetrieachse durch A und C und den Eckpunkten A(2|0), B(10|1) und C(10|5).

7* Zeichne das symmetrische Trapez mit der zur Seite $\overline{AB}$ senkrechten Symmetrieachse und den Eckpunkten A(2|2), B(12|2), D(4|7).

8 Wie viele Würfel fehlen noch mindestens, um einen großen Würfel zu bauen?

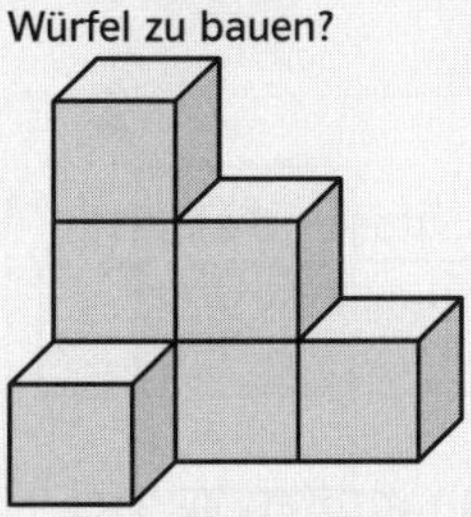

9 Welche der Figuren stellt ein Quadernetz dar?

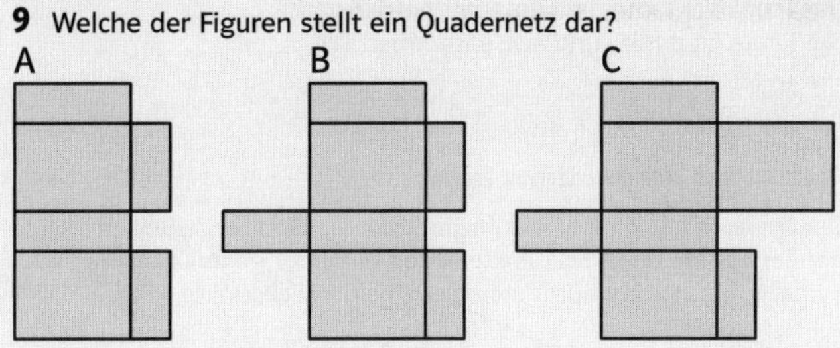

10 Zeichne ein Schrägbild des Würfels mit der Kantenlänge 5 cm.

11 Zeichne ein Schrägbild des Quaders mit den Kantenlängen 6 cm, 3 cm, 5 cm.

12 Ergänze das unvollständige Schrägbild in deinem Heft.

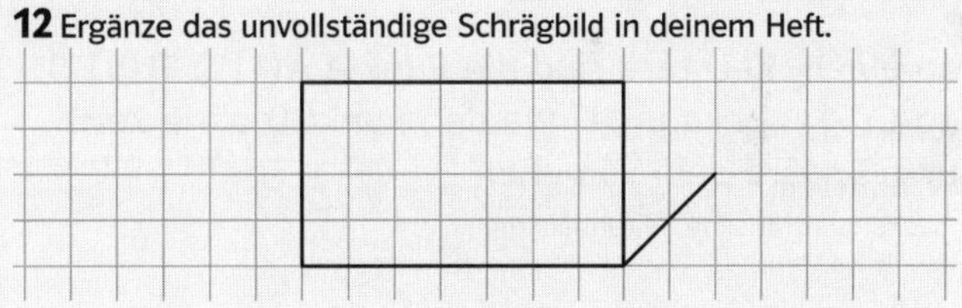

13 Aus welchen Quadratsechslingen kannst du einen Würfel falten?

A

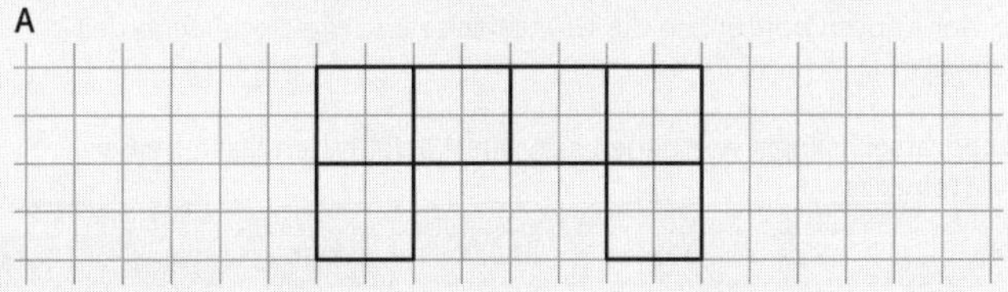

B

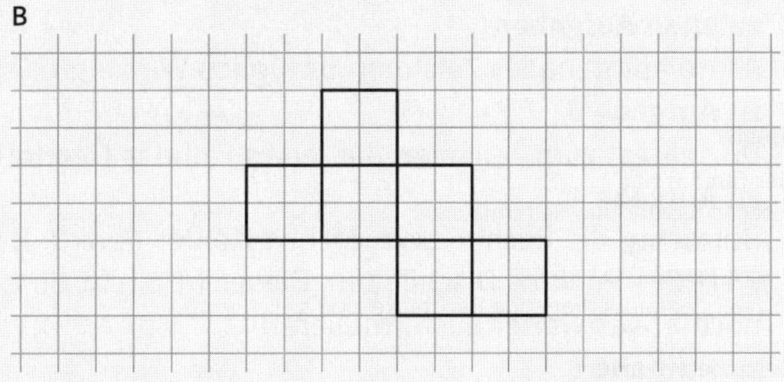

Anfangszeit: ____________ **45 min** **Abgabe:** ____________

1
Zeichne in dein Heft ein Quadrat
mit der Seitenlänge 4,2 cm.

2
Zeichne in dein Heft ein Rechteck
mit den Seitenlängen 2,5 cm und 3,8 cm.

3
Eine Seite eines Quadrats ist gezeichnet.
Ergänze zu einer vollständigen Figur.

4
Von einem Rechteck sind die Punkte A(1 | 2), B(5 | 2) und C(5 | 4) bekannt. Finde den Punkt D ohne Zeichnung. Erkläre dein Vorgehen.

5
Wie viele Ecken, Kanten und Seitenflächen hat ein Würfel?

6
Ergänze so, dass ein großer Würfel entsteht.
Schreibe auf, wie du vorgehst.

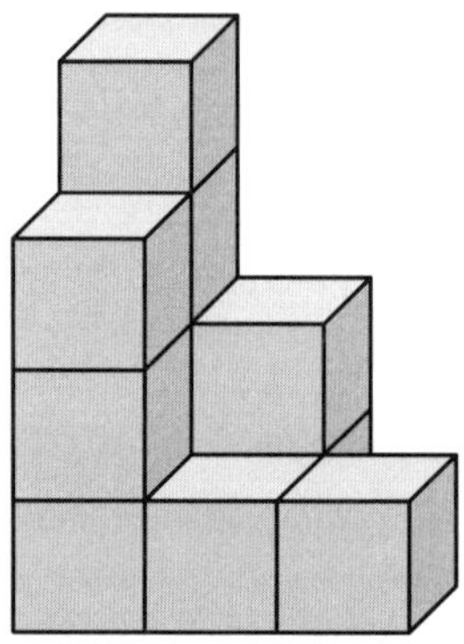

7
Zeichne in dein Heft das Schrägbild eines Würfels mit der Kantenlänge 4 cm.

8
Zeichne in dein Heft das Schrägbild eines Quaders mit den Seitenlängen 7 cm, 5 cm, 4 cm.

Lerntipps

zu allen Aufgaben
Achte auf genaues Zeichnen bezüglich Winkelgröße und Seiten- oder Kantenlängen.
zu Aufgabe 3
Du solltest zum Zeichnen auf jeden Fall das Geodreieck benutzen.
zu Aufgabe 4
Betrachte die Rechts- und Hochwerte der Punkte B und C. Daraus kannst du auf den Rechts- und Hochwert des Punktes D schließen. Dieser Tipp hilft dir bestimmt auch für die Erklärung. Du musst sie nur noch etwas weiter ausformulieren.
zu Aufgabe 6
Orientiere dich an der längsten oder höchsten Säule. Sie gibt dir die Kantenlänge für den großen Würfel vor.

Anfangszeit: ______ **45 min** **Abgabe:** ______

1
Zeichne ein Quadrat mit der Seitenlänge 2,7 cm.

2
Zeichne ein Rechteck mit den Seitenlängen 3,3 cm und 2,5 cm.

3
Ergänze zu einem Parallelogramm.

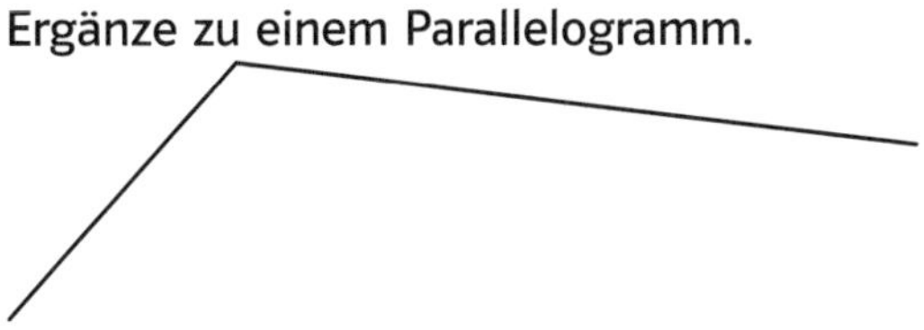

4*
Zeichne einen Drachen mit der Symmetrieachse durch A und C und den Eckpunkten A(3|1), B(10|5) und C(10|8).

5
Zeichne das Netz eines Würfels mit der Kantenlänge 2,4 cm.

6
Zeichne zwei verschiedene Rauten mit 2,2 cm Seitenlänge.

7
Zwei Rechtecke fehlen im Quadernetz.
Ergänze.

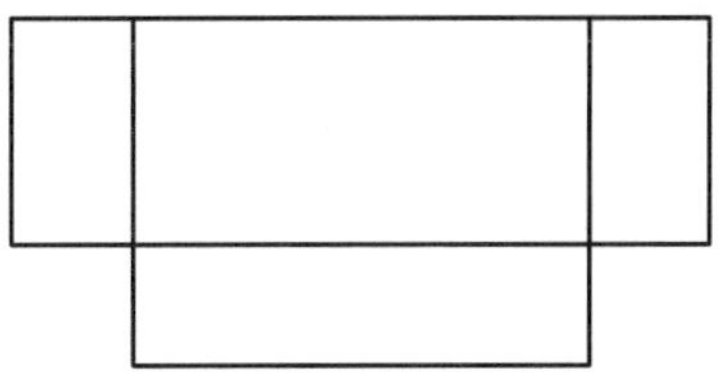

8
Ergänze das unvollständige Schrägbild eines Quaders.

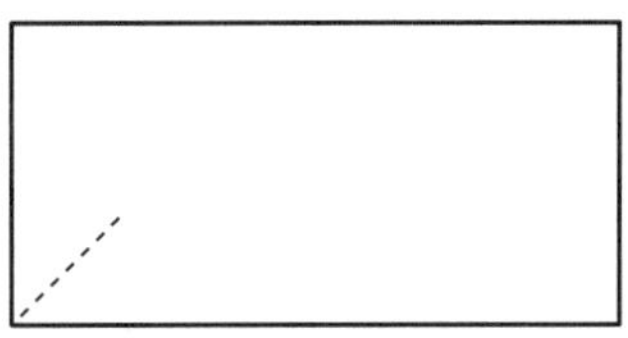

Lerntipps

zu allen Aufgaben
Achte auf genaues Zeichnen.
zu Aufgabe 3
Denke an die Eigenschaften eines Parallelogramms: Gegenüberliegende Seiten sind parallel, gegenüberliegende Winkel sind gleich groß. Konstruiere mit dem Geodreieck.
zu Aufgabe 4
Beschrifte die Punkte, nachdem du sie in ein Quadratgitternetz eingetragen hast. Dann kannst du die Symmetrieachse einzeichnen. Die Symmtrieachse ist gleichzeitig auch eine Diagonale des Drachens. Wenn du jetzt die zweite Diagonale zeichnest, findest du mit Sicherheit den noch fehlenden Punkt D.
zu Aufgabe 5
Es gibt verschiedene Möglichkeiten. Wähle eine aus.
zu Aufgabe 6
Eine Raute hat vier gleich lange Seiten. Gegenüberliegende Seiten sind parallel.
zu Aufgabe 7
Auch hier gibt es verschiedene Möglichkeiten. Aufgrund der Platzbeschränkung bleibt aber nur eine Möglichkeit.
zu Aufgabe 8
Zwei Linien musst du gestrichelt zeichnen.

Anfangszeit: ________ **45 min** Abgabe: ________

1
Benenne die einzelnen Figuren. Begründe deine Entscheidung.

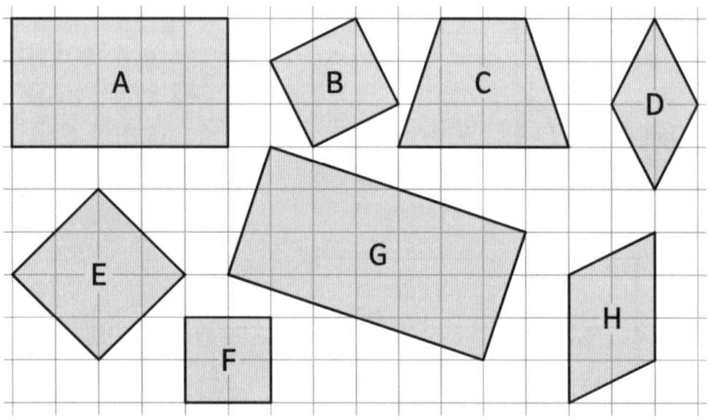

2
Ein Parallelogramm hat die Eckpunkte A(5|2), B(14|2), C(16|8). Welchen Rechtswert und welchen Hochwert hat der fehlende Eckpunkt?

3
Ein Quader wird längs der grauen Kanten aufgeschnitten. Zeichne das Quadernetz in dein Heft.

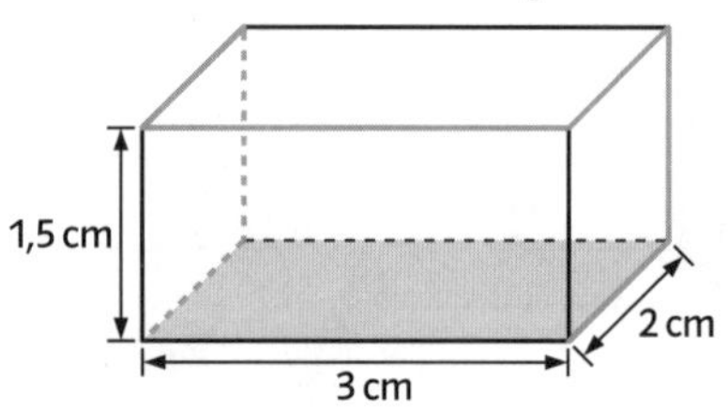

4
Das Würfelnetz ist falsch. Welcher Fehler wurde gemacht?

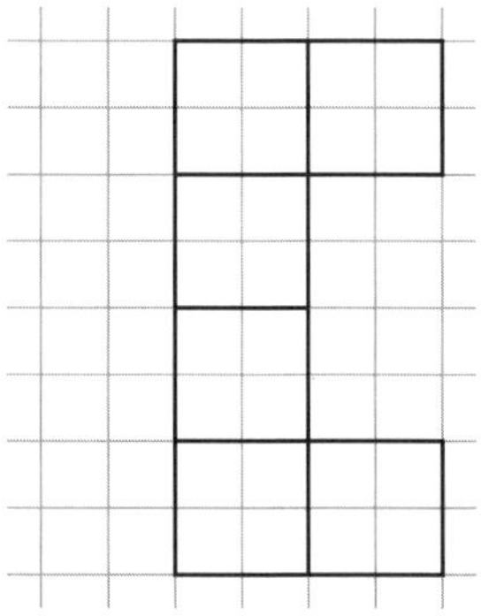

5
Markiere mit Farbe, welche Seiten beim Zusammenfalten des Würfelnetzes eine Kante bilden.

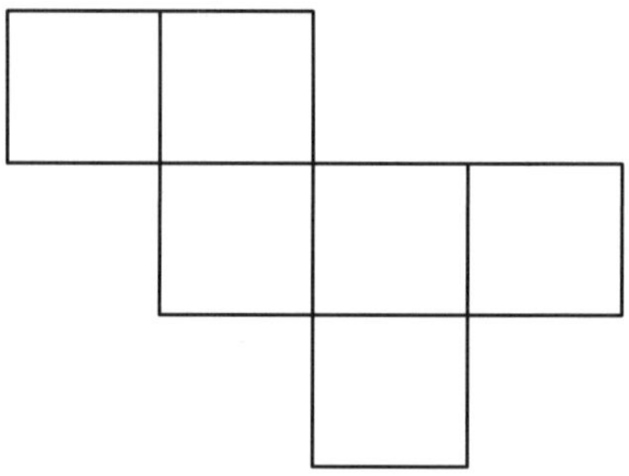

6
Zeichne das Schrägbild zweier Würfel, die aneinander liegen. Die Kantenlänge eines Würfels beträgt 4 cm.

Lerntipps

zu Aufgabe 1
Denke dabei an die Eigenschaften der einzelnen Figuren.
zu Aufgabe 3
Eine mögliche Vorgehensweise ist, zuerst die Seitenflächen zu betrachten und anschließend die Deckfläche.
zu Aufgabe 4
Zur besseren Verständigung ist es angebracht, die Teilflächen zu nummerieren. Dann lässt sich der Fehler besser beschreiben.
zu Aufgabe 5
Versuche in Gedanken das Würfelnetz zu einem Würfel zusammenzufalten. Kennzeichne dann zusammenstoßende Seiten mit der gleichen Farbe.
zu Aufgabe 6
Achte bei diesem Schrägbild besonders auf die Linien, die nicht zu sehen sind. Sie müssen gestrichelt gezeichnet werden.

Anfangszeit: ______________ **45 min** **Abgabe:** ______________

1
Ergänze zu einem symmetrischen Trapez. Zwei Seiten sind gezeichnet.

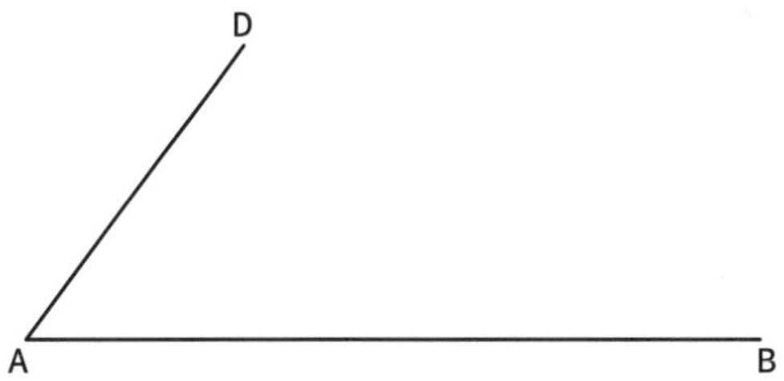

2
Welche dieser Vierecke sind **keine** Quadrate? Begründe deine Antwort.

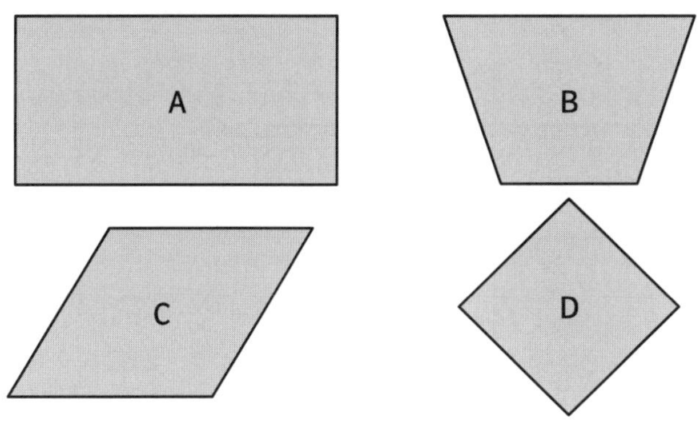

3
„Eine Raute ist zugleich ein Parallelogramm." Begründe diese Aussage.

4
Zeichne das Muster auf dem Würfel in die drei Würfelnetze ein.

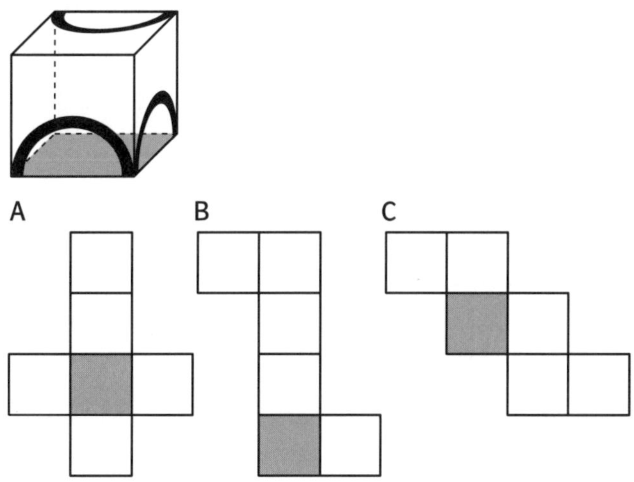

5
Aus welchen der Quadernetze könnte man einen Quader zusammenfalten?

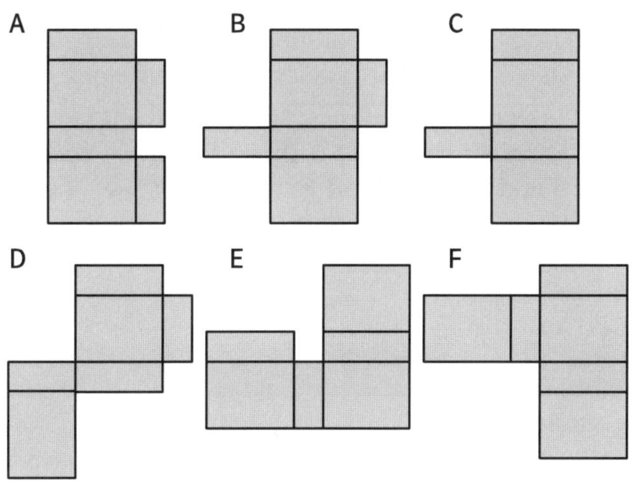

6
Lege drei Würfel mit der Kantenlänge 2,5 cm übereinander. Zeichne das Schrägbild dazu.

7
Lege zwei Quader mit den Maßen 5 cm, 4 cm und 3 cm nebeneinander. Zeichne dazu das Schrägbild.

Pinboard - Flächen und Körper

1

2

3

D(3|8)

Der Punkt D liegt über dem Punkt A und auf gleicher Höhe wie der Punkt C. D hat damit den Rechtswert 3 und den Hochwert 8.

4

C(11|4)

5

Parallelogramme: A, D, H und alle Rauten
Rauten: F, G, I (Ein Quadrat ist auch eine Raute.)

6

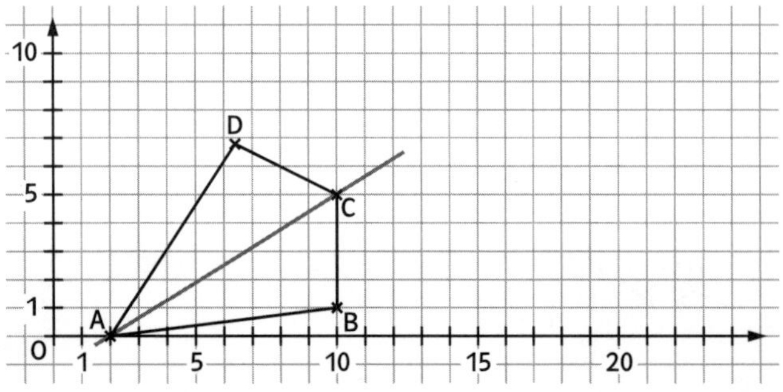

7

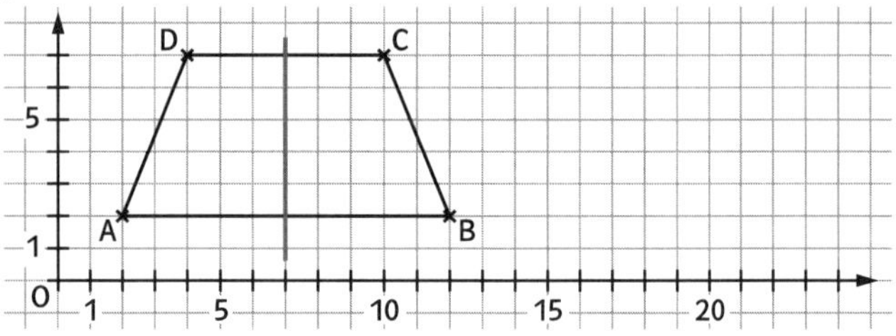

8

Es fehlen noch 20 Würfel.

9

Figur B

10

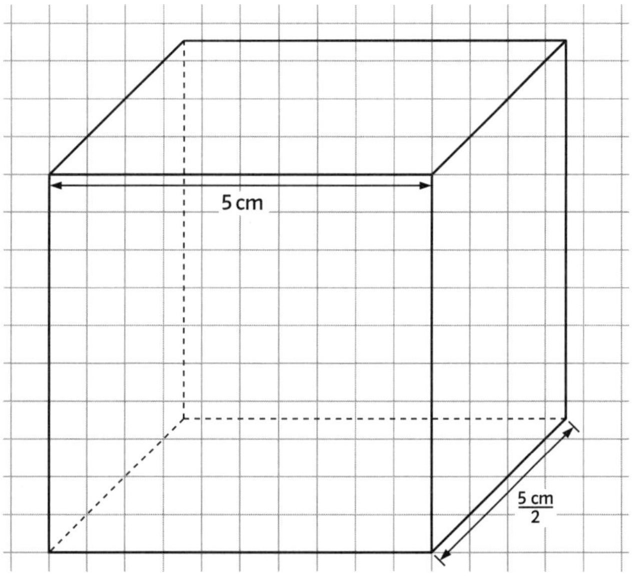

11

Mögliche Lösung:

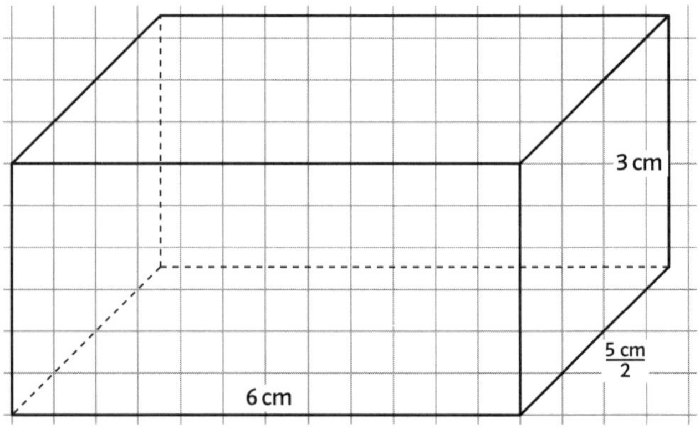

12

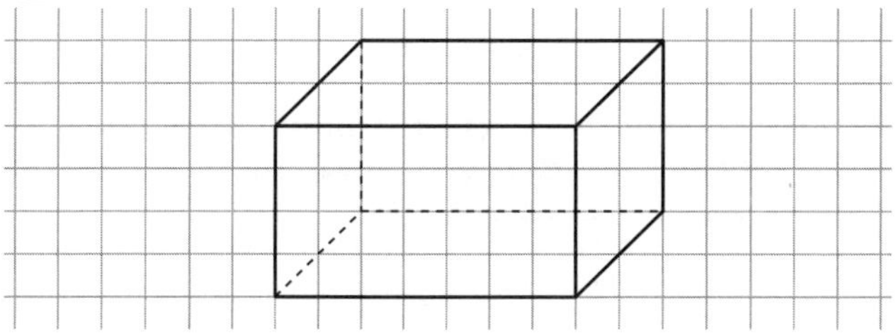

13
Nur B lässt sich zu einem Würfel falten.

Klassenarbeit 5.1

1 *(1 VP für die richtige Seitenlänge und 1 VP für das genaue Zeichnen. Insgesamt 2 VP)*

2 *(1 VP für die richtigen Seitenlängen und 1 VP für das genaue Zeichnen. Insgesamt 2 VP)*

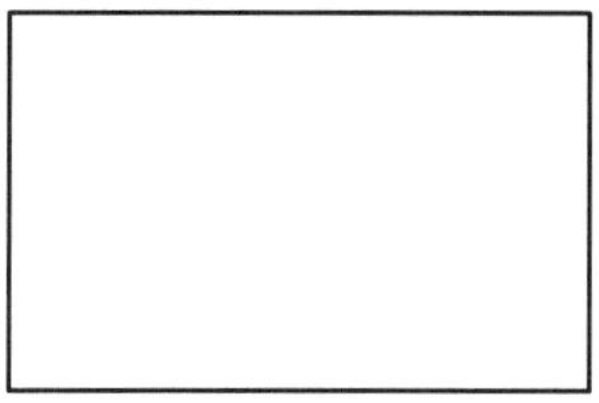

3 *(1 VP für die rechten Winkel und 1 VP für die genaue Länge der Seite. Insgesamt 2 VP)*

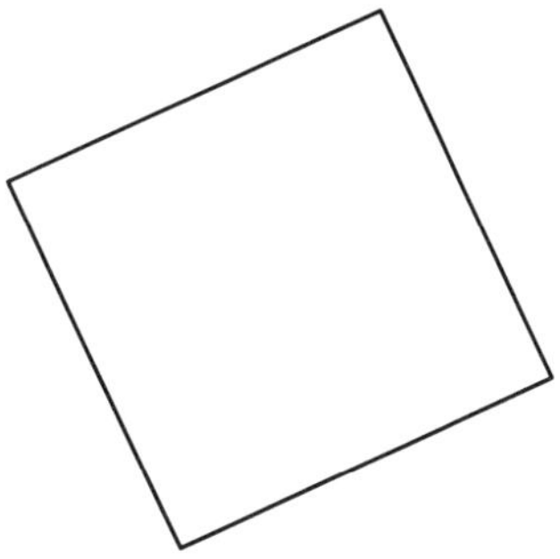

4 *(Für den Rechts- und Hochwert des Punktes D gibt es 1 VP, für die Erklärung 2 VP. Insgesamt 3 VP)*
D(1|4)
Mögliche Erklärung:
Der Punkt D liegt über dem Punkt A, also hat er den Rechtswert 1. Außerdem liegt er auf der Höhe des Punktes C, also hat er den Hochwert 4.

5 *(Je 1 VP für die Anzahl der Ecken, Kanten und Seitenflächen. Insgesamt 3 VP)*
Ein Würfel hat 8 Ecken, 12 Kanten und 6 Seitenflächen.

6 *(1 VP für die Anzahl der Würfel in der höchsten Säule, 1 VP für die Rechnung für den großen Würfel, 1 VP für die Anzahl der vorhandenen Würfel und 1 VP für die Anzahl der noch fehlenden Würfel. Insgesamt 4 VP)*
Die höchste und damit auch längste Säule besteht aus 4 Würfeln. Für den gesamten Würfel benötigt man damit
$4 \cdot 4 \cdot 4$ Würfel = 64 Würfel.
Es sind 11 Würfel vorhanden. Also fehlen noch 53 Würfel.

7 *(Für das genaue Zeichnen 3 VP, für die Länge der nach hinten verlaufenden Linien 1VP. Insgesamt 4 VP)*

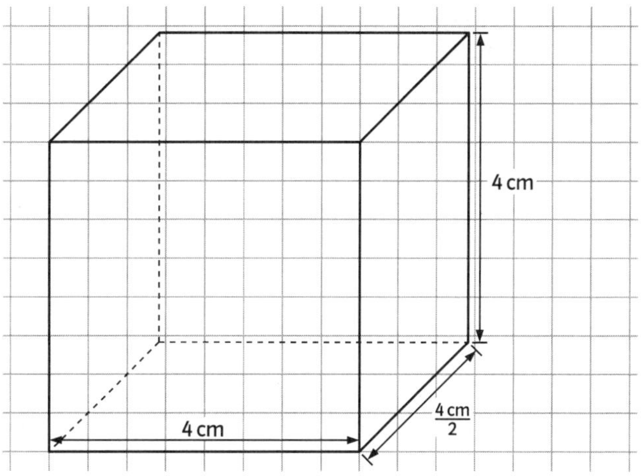

8 *(Für das genaue Zeichnen 3 VP, für die Länge der nach hinten verlaufenden Linien 1 VP. Insgesamt 4 VP)*

Man kann den Quader in sechs verschiedenen Lagen zeichnen. Es reicht, wenn du eine davon richtig gezeichnet hast.

1 Kästchen entspricht 0,5 cm in Wirklichkeit.

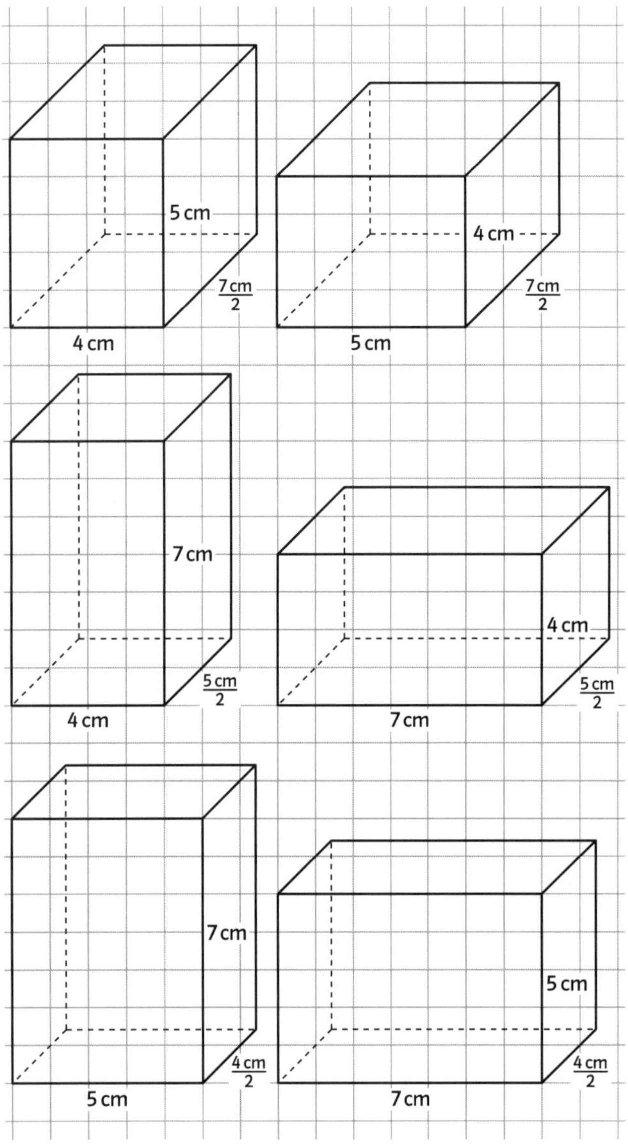

Klassenarbeit 5.2

1 *(Zeichnen ohne Kästchen, richtige Länge und rechter Winkel je 1 VP. Insgesamt 3 VP)*

2 *(Zeichnen ohne Kästchen, richtige Längen und rechter Winkel je 1 VP. Insgesamt 3 VP)*

3 *(Seitenlängen und Parallelität je 1 VP. Insgesamt 2 VP)*

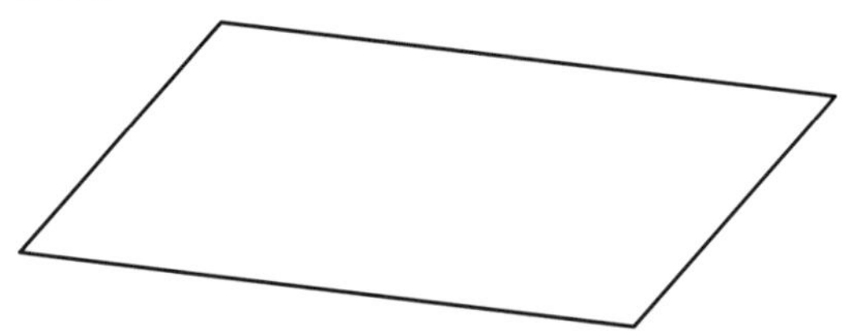

4 *(Punkte A, B, C und Symmetrieachse richtig eingezeichnet, 1 VP. Punkt D richtig eingezeichnet, 1 VP. Insgesamt 2 VP)*

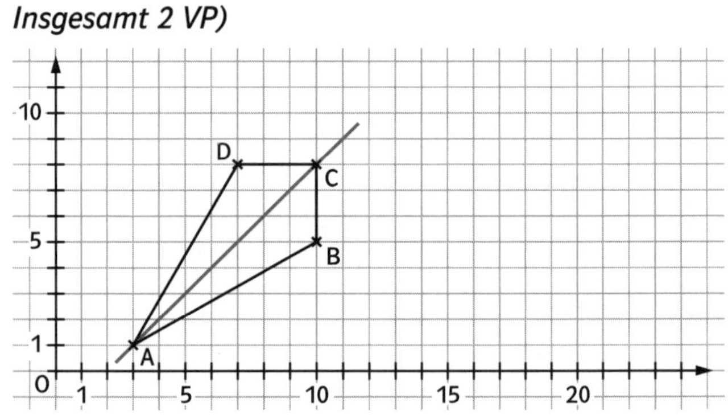

5 *(Für die richtige Lage der Quadrate 3 VP, für das genaue Zeichnen 1 VP. Insgesamt 4 VP)*

Es gibt verschiedene Möglichkeiten. Ein Beispiel wird hier gezeigt. Die Länge der Kante ist maßstäblich verkürzt.

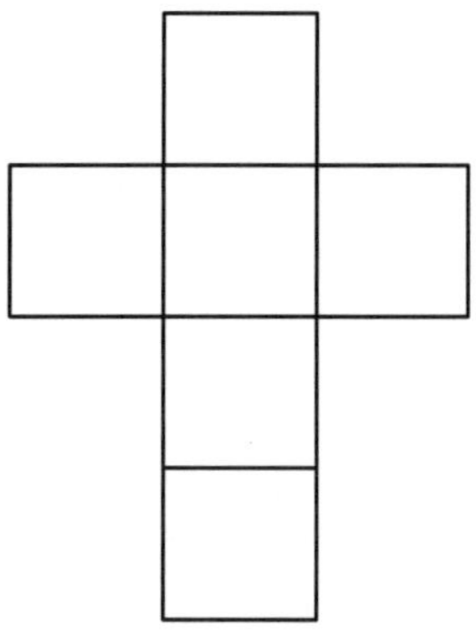

6 *(Für jede Raute 2 VP. Insgesamt 4 VP)*
Mögliche Lösungen:

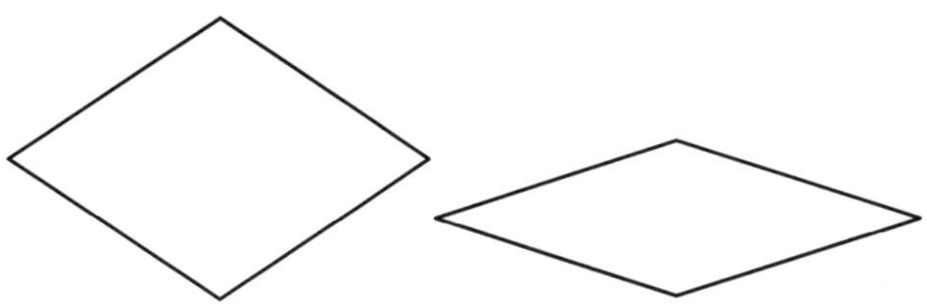

Den Unterschied kann man durch die Winkelgrößen erreichen.

7 *(Für die fehlenden Rechtecke je 1 VP und für das genaue Zeichnen 1 VP. Insgesamt 3 VP)*

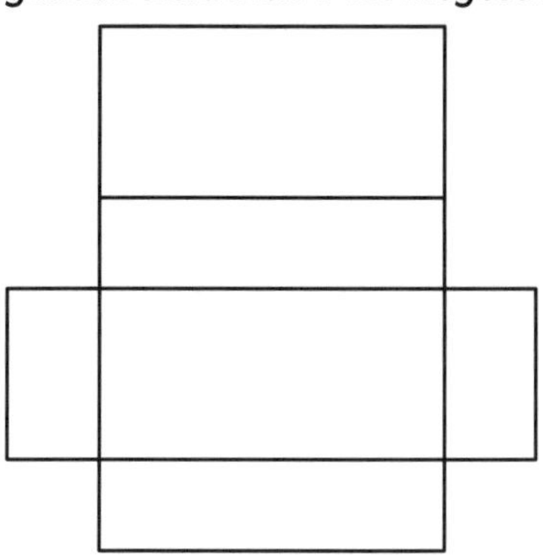

8 *(Für die richtige Lage des hinteren Rechtecks 2 VP, für die gestrichelten Linien 1 VP. Insgesamt 3 VP)*

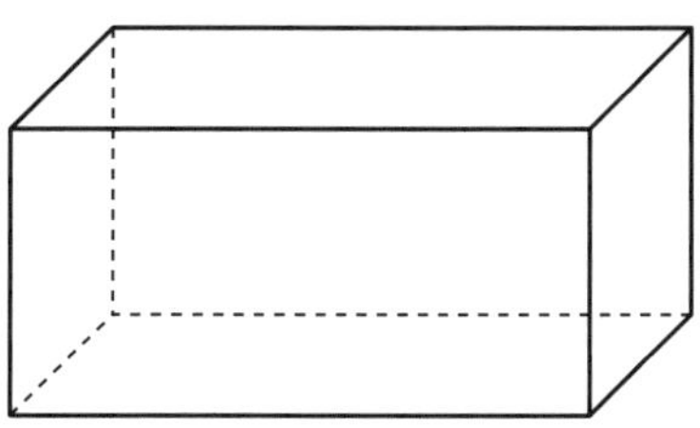

Klassenarbeit 5.3

1 *(Für das richtige Benennen je 0,5 VP, für die Begründung je 1 VP. Insgesamt 7 VP)*
Rechteck: A, G
Begründung: 4 rechte Winkel, gegenüberliegende Seiten gleich lang
Quadrat: B, E, F
Begründung: 4 rechte Winkel, alle Seiten gleich lang
Raute: D
Begründung: alle Seiten gleich lang, aber keine rechten Winkel
Parallelogramm: H
Begründung: gegenüberliegende Winkel und Seiten gleich groß
Figur C ist ein symmetrisches Trapez.
Begründung: Zwei Seiten sind parallel, die anderen sind gleich lang und es ist symmetrisch.

2 *(2 VP)*
Die Punkte A und B liegen auf einer waagerechten Linie, da sie die gleichen Hochwerte haben. Somit müssen die Punkte C und D auch die gleichen Hochwerte haben, also den Wert 8. Von B nach C kommt man, indem man 2 Einheiten nach rechts und 6 Einheiten nach oben geht. Den gleichen Weg beschreitet man für den Punkt D von Punkt A aus.
D(7|8)

3 *(4 VP)*
Mögliche Lösung:

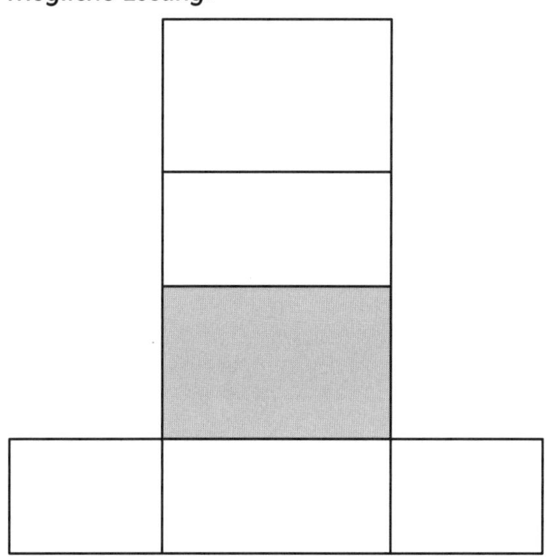

4 *(3 VP)*
Quadrat 1 und Quadrat 6 liegen beide rechts von den vier Quadraten 2 bis 5. Sie würden sich überlappen. Eins der beiden Quadrate muss daher links liegen.

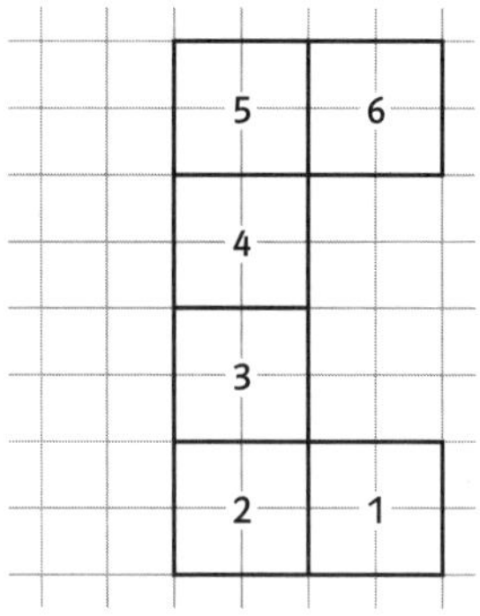

5 *(4 VP)*

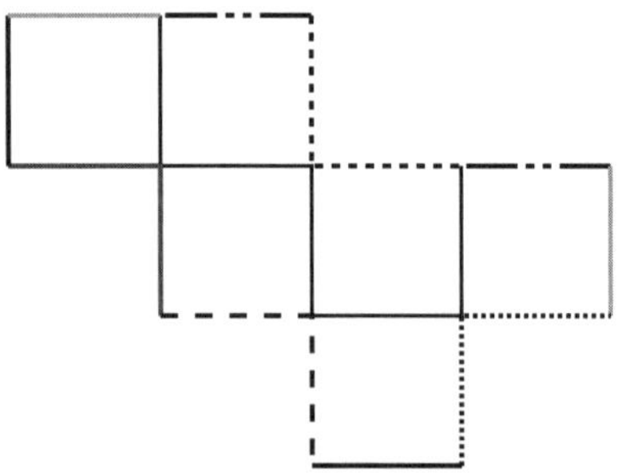

6 *(Lage der Würfel erkannt, 1 VP; genaue Zeichnung, 2 VP; gestrichelte Linien eingezeichnet, 1 VP. Insgesamt 4 VP)*
1 Kästchen entspricht 0,5 cm in Wirklichkeit.

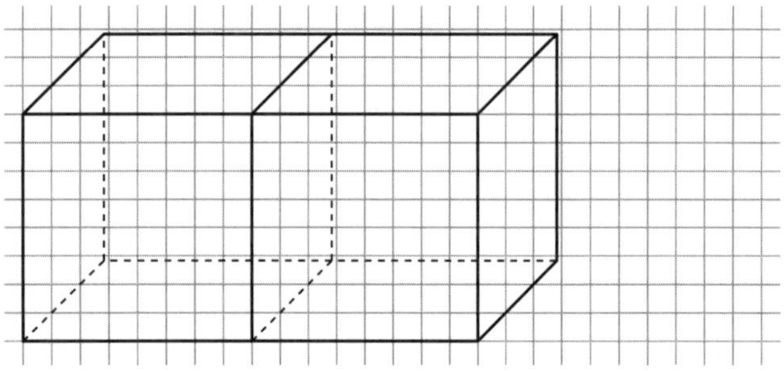

Klassenarbeit 5.4

1 *($\overline{DC}$ verläuft parallel zu $\overline{AB}$, 1 VP; $\overline{BC}$ hat die gleiche Länge wie $\overline{AD}$, 1 VP; genaue Zeichnung, 1 VP. Insgesamt 3 VP)*
Man erkennt an der Zeichnung, dass eine Parallele zur Strecke $\overline{AB}$ durch den Punkt D gezeichnet wurde. Die Lage von D findet man, indem man die Symmetrieachse zwischen A und B einzeichnet. C hat dann von der Achse den gleichen Abstand wie D.

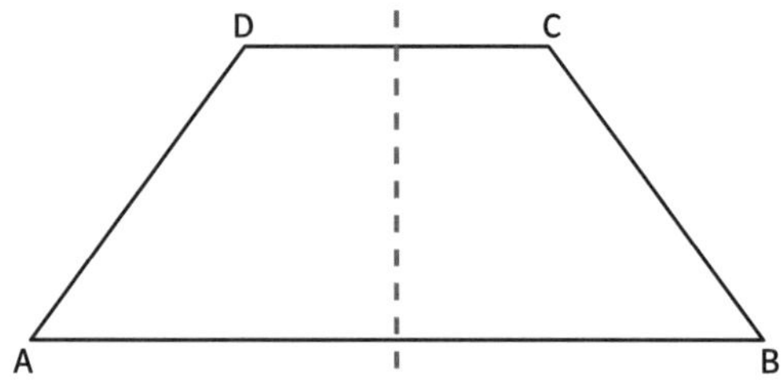

2 *(Für jede erkannte Figur 0,5 VP, für die Begründung je 0,5 P. Insgesamt 3 VP)*
Figur A ist ein Rechteck. Die Seiten sind nicht alle gleich lang.
Figur B ist ein symmetrisches Trapez. Es liegen keine rechten Winkel vor und die Seiten sind nicht alle gleich lang.
Figur C ist ein Parallelogramm. Es liegen keine rechten Winkel vor.

3 *(3 VP)*
Bei der Raute verlaufen die gegenüberliegenden Seiten parallel zueinander. Also ist jede Raute ein Parallelogramm.

4 *(Für jedes Würfelnetz 2 VP. Insgesamt 6 VP)*

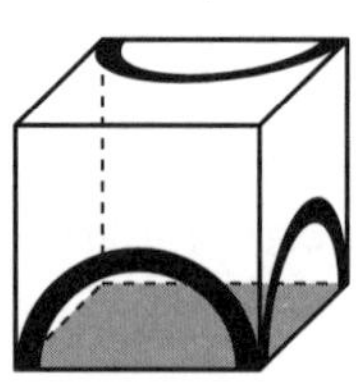

A B C

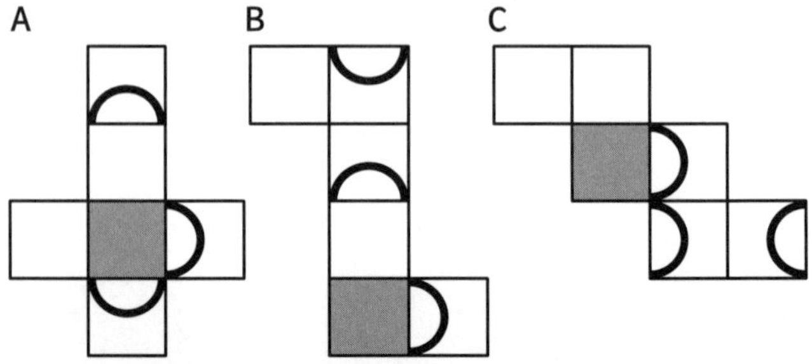

5 *(Für jedes Quadernetz 0,5 VP. Insgesamt 3 VP)*
Aus den Netzen B und D.
Du kannst folgendermaßen vorgehen:
Kontrolliere zuerst, ob alle Teilflächen vorhanden sind. Das trifft nicht für C, E und F zu. Bei A liegt ein kleines Rechteck auf der falschen Seite. Bei E und F fehlt die kleinste Seite einmal, dafür ist die größte Seite zu oft vorhanden.

6 *(1 VP für die richtige Lage, 1 VP für die gestrichelten Linien, 1 VP für genaues Zeichnen. Insgesamt 3 VP)*
Ein Kästchen entspricht 0,5 cm in Wirklichkeit.

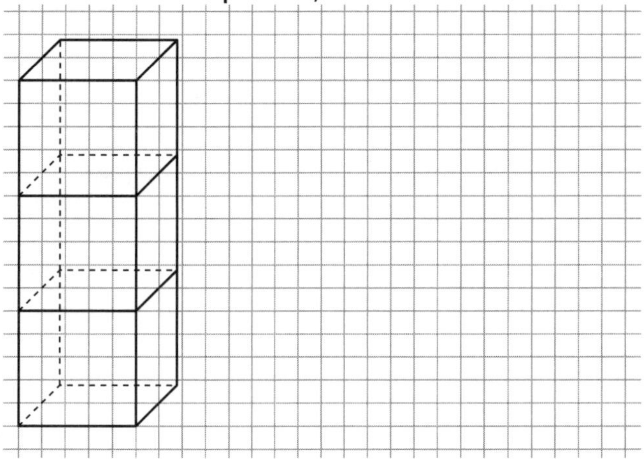

7 *(1 VP für die richtige Lage, 1 VP für die gestrichelten Linien, 1 VP für genaues Zeichnen. Insgesamt 3 VP)*
Ein Kästchen entspricht 0,5 cm in Wirklichkeit. Es gibt verschiedene Möglichkeiten, die Quader nebeneinander zu legen und auch verschiedene Blickwinkel.
Mögliche Lösungen:

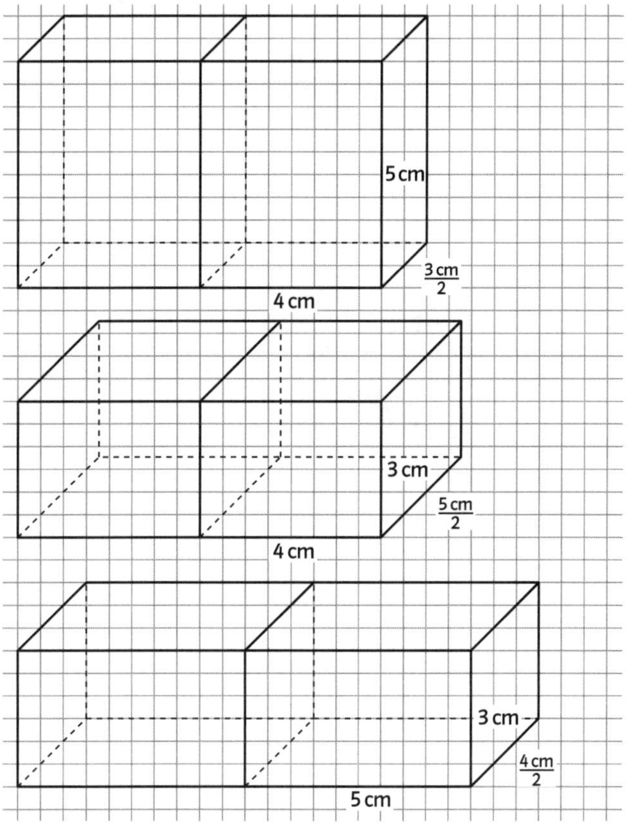

Pinboard – Größen

Größen

	Beispiele
Eine Maßzahl zusammen mit einer **Maßeinheit** nennt man **Größe**.	12 kg ist eine Größenangabe. 12 ist die Maßzahl und kg ist die Maßeinheit oder kurz Einheit.

Geld

In Deutschland und in allen übrigen Ländern der Europäischen Währungsunion wird als Einheit für Geld der Euro genutzt.
Euro (abgekürzt € oder EUR)
Die kleinere Einheit heißt Cent (abgekürzt ct).
Für die Umrechnung gilt:
100 ct = 1 € (Umrechnungszahl = 100)

5 € = 5 · 100 ct = 500 ct
3 € 47 ct = 3 · 100ct + 47 ct = 347 ct
708 ct = 7 · 100 ct + 8 ct = 7 € + 8 ct

Merkzettel
Die Umrechnungszahl gibt an, mit welcher Zahl man die Maßzahl einer Größe multiplizieren oder dividieren muss, um zur nächsten Maßeinheit zu gelangen.

Zeit

Die Zeiteinheiten sind:
Sekunde (s), Minute (min), Stunde (h), Tag (d), Jahr (a)
Die Umrechnungszahlen bei Zeiteinheiten sind unterschiedlich:
60 s = 1 min (Umrechnungszahl = 60)
60 min = 1 h (Umrechnungszahl= 60)
24 h = 1 d (Umrechnungszahl = 24)
365 d = 1 a (Umrechnungszahl = 365)

Ausnahme: Ein Schaltjahr hat 366 Tage.

180 s = 3 · 60 s = 3 min
12 min = 12 · 60 s = 720 s
250 min = 4 · 60 min + 10 min = 4 h 10 min
5 h 4 min = 5 · 60 min + 4 min = 304 min
36 h = 1 · 24 h + 12 h = 1 d + 12 h
3 d 8 h = 3 · 24 h + 8 h = 80 h
400 d = 1 · 365 d + 35 d = 1 a 35 d
2 a 10 d = 2 · 365 d + 10 d = 740 d

Gewicht

Gewichtseinheiten:
Milligramm (mg), Gramm (g), Kilogramm (kg), Tonne (t)
Die Umrechnungszahl für Gewichtseinheiten ist 1000.
1000 mg = 1 g   1000 g = 1 kg   1000 kg = 1 t

5400 mg = 5 · 1000 mg + 400 mg = 5 g 400 mg
7 g 25 mg = 7 · 1000 mg + 25 mg = 7025 mg
14300 g = 14 · 1000 g + 300 g = 14 kg 300 g
9 kg 8 g = 9 · 1000 g + 8 g = 9008 g
6380 kg = 6 · 1000 kg + 380 kg = 6 t 380 kg
4 t 67 kg = 4 · 1000 kg + 67 kg = 4067 kg

Länge

Längeneinheiten:
Millimeter (mm), Zentimeter (cm), Dezimeter (dm), Meter (m), Kilometer (km)
Die Umrechnungszahl bei Längeneinheiten ist 10; von Meter nach Kilometer verwendet man die Zahl 1000.
10 mm = 1 cm   10 cm = 1 dm   10 dm = 1 m
1000 m = 1 km

83 mm = 8 · 10 mm + 3 mm = 8 cm 3 mm
12 cm 4 mm = 12 · 10 mm + 4 mm = 124 mm
35 cm = 3 · 10 cm + 5 cm = 3 dm 5 cm
8 dm 2 cm = 8 · 10 cm + 2 cm = 82 cm
45 m = 45 · 10 dm = 450 dm
87 dm = 8 · 10 dm + 7 dm = 8 m 7 dm

Rechnen mit Größen

Beim Rechnen mit Größen wandelt man Größen derselben Art so um, dass sie dieselbe Maßeinheit haben.
Dann rechnet man mit den Maßzahlen und hängt anschließend die Einheit an. Beim Dividieren von zwei Größen erhält man eine Anzahl.

1 € 5 ct + 98 ct = 105 ct + 98 ct = 203 ct = 2 € 3 ct
3 h 20 min + 45 min = 200 min + 45 min = 245 min = 4 h 5min
1805 g – 1 kg = 1805 g – 1000 g = 805 g
15 m · 100 = 1500 m = 1 km 500 m
15 m : 3 m = 5

Maßstab

Der Maßstab gibt an, wieviel mal größer oder kleiner eine Strecke in Wirklichkeit ist.
1 : 100 (gesprochen 1 zu 100) bedeutet:
Jede Strecke ist in Wirklichkeit 100 mal so groß.
20 : 1 (gesprochen 20 zu 1) bedeutet:
Jede Strecke ist in Wirklichkeit 20 mal so klein.

Ist auf einer Wanderkarte im Maßstab 1 : 25 000 eine Strecke 3 cm lang, ist sie in Wirklichkeit 25 000 · 3 cm lang, also 75 000 cm = 750 m.
Beim Maßstab 20 : 1 wird eine Strecke um das 20-Fache vergrößert.
Eine in Wirklichkeit 5 mm lange Strecke ist dann auf der Karte 5 mm · 20 = 100 mm = 10 cm lang.

Sachaufgaben

Lösungsplan für Sachaufgaben
1. Lies die ganze Aufgabe sorgfältig durch.
2. Entnimm Informationen.
3. Erstelle einen Rechenplan.
4. Überschlage das Ergebnis.
5. Führe die Rechenschritte durch.
6. Vergleiche Ergebnis und Überschlag.
7. Formuliere einen Antwortsatz.

Beispiele

(1) Eine Schulklasse macht einen Ausflug ins Museum. Die Busfahrt kostet 400 €. Der Eintritt ins Museum beträgt 2 € pro Person. Insa, die Klassensprecherin, sammelt das Geld von ihren 22 Mitschülerinnen und Mitschülern ein.
(2) Gegeben:
- Kosten für die Busfahrt
- 24 Teilnehmer (23 Schüler und 1 Lehrer)
- Eintritt pro Schüler

Gesucht: Kosten pro Schülerin und Schüler und Gesamteinnahme

(3) Kosten für die Busfahrt pro Teilnehmer berechnen (400 € : 24); diese Kosten und die Kosten für den Eintritt (2 €) addieren; das ist der Betrag, den Insa pro Schüler einsammeln muss.
Für die Gesamteinnahme muss sie die Einnahme pro Schüler mit 23 multiplizieren.
(4) Überschlag:
Kosten pro Teilnehmer für die Busfahrt: 400 € : 25 = 16 €
Kosten pro Schüler: 16 € + 2 € = 18 €
Gesamteinnahme: 20 € · 20 = 400 €
(5) Kosten für Busfahrt: 400 € : 24 ≈ 16,70 €
(Die Mehreinnahme von 80 ct kommt in die Klassenkasse)
Kosten pro Schüler: 16,70 € + 2 € = 18,70 €
Gesamteinnahme: 18,70 € · 23 = 430,10 €
(6) Ergebnis und Überschlag stimmen gut überein.
(7) Insa muss von jeder Schülerin und jedem Schüler 18,70 € einsammeln. Sie hat dann 430,10 € in ihrer Kasse.

Bist du sicher?

1 Schreibe in € und ct.
a) 778 ct b) 8,42 € c) 1238 ct d) 14,05 €

2 Wandle in die nächstgrößere Einheit um.
a) 75 min b) 124 s c) 35 h d) 4520 g
e) 17 034 g f) 2980 kg g) 12 409 mg h) 25 mm
i) 180 cm

3 Wandle in die kleinere Einheit um.
a) 7 kg 20 g b) 15 km 320 m c) 35 € 23 ct d) 4 m 8 cm
e) 12 cm 5 mm f) 8 h 15 min g) 7 km 9 m h) 2 dm 7 mm

4 Schreibe ohne Komma.
a) 12,34 m b) 8,003 km c) 78,4 kg d) 9,12 g

5 Schreibe mit Komma.
a) 645 cm b) 9324 m c) 154 m d) 34 008 kg

6 Wieviel fehlt bis zur nächstgrößeren Einheit?
a) 48 min b) 8 s c) 13 h
d) 34 m e) 702 kg

7 Berechne die Zeitspanne.
a) von 8:10 Uhr bis 14:23 Uhr b) von 21:17 Uhr bis 4:58 Uhr

8 Berechne.
a) 23 min + 2 h 48 min
b) 2 min 7 s + 12 min 56 s
c) 2 kg 459 g + 23 kg 720 g + 8 kg 945 g
d) 3,56 kg + 0,725 kg + 8,006 kg
e) 56,02 m + 3,8 m + 45 cm

9 Ergänze die Tabelle.

Maßstab	Plan	Wirklichkeit
1 : 5000	3 cm	
1 : 25 000	24 cm	
1 : 100 000		250 km

10 Marianne hat 4 Hefte zu je 0,45 € und 2 Bleistifte zu je 0,65 € gekauft. Sie bezahlt mit einem 5-Euro-Schein.

11 Arbeite mit dem abgebildeten Fahrplan.

ICE					
Bahnhof					
Oldenburg	ab	8:42	9:35	9:42	9:42
Bremen	an	9:31	–	10:31	10:31
Bremen	ab	9:44	–	10:44	10:44
Dortmund	an	11:33	–	12:33	–
Dortmund	ab	11:37	–	12:38	–
Hannover	an	–	11:14	–	–
Hannover	ab	–	11:41	–	–
Frankfurt	an	13:51	14:00	14:51	–
Frankfurt	ab	13:59	14:25	14:59	–
Mainz	an	14:18	–	15:15	15:38
Mainz	ab	14:24	–	15:24	15:55
Idar-Oberstein	an	15:57	16:04	16:57	17:04

a) Du möchtest von Oldenburg nach Idar-Oberstein. Welche Fahrt dauert am längsten?
b) Welche Verbindung ist die beste? Begründe.
c) Wie lange dauert die Fahrt mit dem ICE von Dortmund nach Frankfurt?
d) In welchem Bahnhof hält der ICE am längsten?

12 Sarahs Schulweg ist 750 m lang. Wie viele Kilometer legt sie in einer Woche zurück?

13 Max kauft im Supermarkt 250 g Butter, 1,5 kg Bananen, 300 g Fleisch, 2,3 kg Äpfel und 3 Packungen Quark zu je 250 g. Welches Gewicht muss er nach Hause tragen?

Klassenarbeit 6.1

Anfangszeit: ______________ **45 min** **Abgabe:** ______________

1
Schreibe in € und ct.
a) 435 ct
b) 2370 ct
c) 11,05 €
d) 8,5 €

2
Wandle um.
a) in s: 3 min 5 s
b) in h: 21 d 5 h
c) in min: 15 h 8 min
d) in d: 220 h

3
Schreibe in der kleineren Einheit.
a) 28 t 320 kg
b) 4 kg 38 g
c) 15 g 7 mg

4
Berechne die Zeitspanne von 8:22 Uhr bis 14:10 Uhr.

5
Berechne.
a) 2 m + 3 m 20 cm + 4 m 85 cm
b) 5 kg 780 g + 8 kg 80 g – 12 kg 485 g
c) 17 min 15 s – 8 min 50 s

6
Berechne. Wandle wenn nötig vorher in eine andere Einheit um.
a) 6,5 € : 5
b) 1245 t : 3
c) 1,750 kg : 7
d) 70 m : 20

7
Wie lang ist eine 5 km lange Strecke auf einer Karte mit dem Maßstab 1 : 20 000?

8
Die Entfernung zweier Städte beträgt 4 cm auf einer Karte mit dem Maßstab 1 : 250 000. Wie weit sind die Städte in Wirklichkeit voneinander entfernt?

9
Ein Hauswirt zahlt in einem Jahr für die Müllabfuhr 243 €, für die Treppenhausreinigung 427 € und für die Pflege des Vorgartens 368 €. Die Kosten sollen von den sechs Mietern gleichmäßig getragen werden.

Lerntipps

zu allen Aufgaben

Bei Umformung von Größen in eine andere Maßeinheit ist es von Vorteil, wenn du dir jeweils genau überlegst, wie die Umrechnungszahl für die jeweiligen Maßeinheiten lautet. Umformungsstufen können dabei behilflich sein, wie in der Abbildung dargestellt.

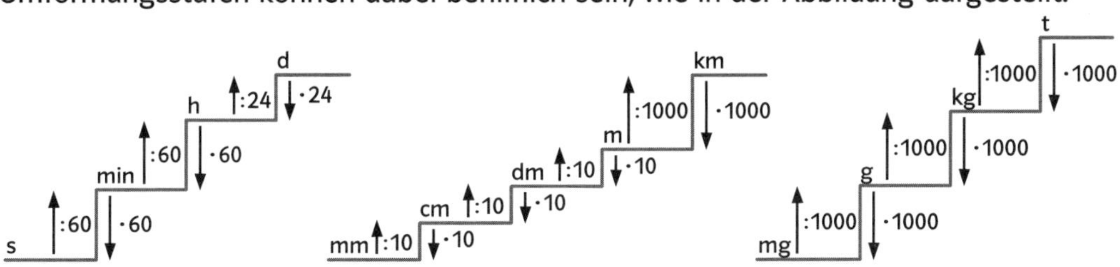

zu Aufgabe 1

Achte auf das Komma bei Teilaufgabe c) und d). Bei Teilaufgabe d) musst du besonders vorsichtig sein. Denke daran, die Umrechnungszahl für Geld ist 100. Du benötigst also zwei Stellen hinter dem Komma, außer es steht an der zweiten Stelle eine Null wie in diesem Beispiel.

zu Aufgabe 4

Berechne schrittweise.
Wie viele Minuten fehlen bis zur nächsten Stunde?
Wie viele volle Stunden folgen dann?
Wie viele Minuten geht die Zeit über die letzte Stunde hinaus?
Addiere die Minuten und Stunden.

zu Aufgabe 7

Denke daran, dass du die Größe 5 km in die Maßeinheit cm umformen musst. Die Zahl 20 000 im Maßstab bezieht sich nämlich auf die Maßeinheit cm.

zu Aufgabe 9

Bearbeite die Aufgabe nach dem Lösungsplan für Sachaufgaben.

Anfangszeit: ____________ **45 min** Abgabe: ____________

1
Gib den Zeitpunkt an.
a) 25 min nach 14:45 Uhr
b) 48 min vor 12:40 Uhr

2
Schreibe mit Komma.
a) 5658 g b) 12 409 kg
c) 459 ct d) 8400 cm

3
Berechne
a) 7,5 kg · 3 b) 2,340 t : 15

4
Erst umformen, dann rechnen.
a) 45 cm + 78 dm b) 14 m − 3 dm 4 cm

5
Was fehlt jeweils noch zu 1 t?
a) 489,8 kg b) 750 kg 420 g

6
Schreibe sowohl in der nächstgrößeren als auch in der nächstkleineren Einheit.
a) 5000 g b) 70 dm

7
Wie weit ist es in Luftlinie von Talhausen nach Bergdorf?

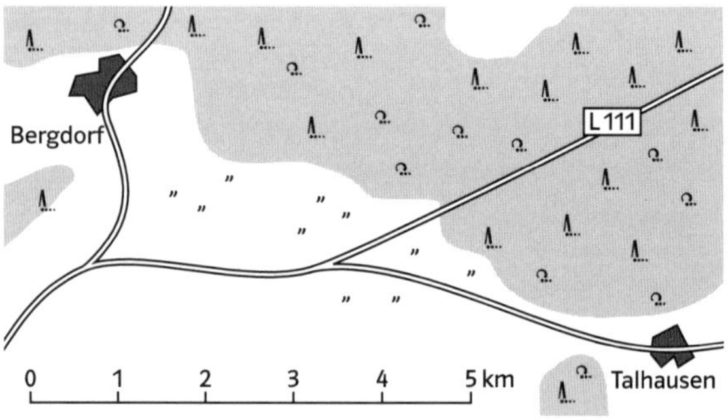

8
Ein Güterzug besteht aus einer Lokomotive und 36 Wagen. Das Gewicht der Lokomotive beträgt 90 t, ein Wagen wiegt leer 35 t.
a) Berechne das Gesamtgewicht des Zuges.
b) Wie groß ist das Gesamtgewicht, wenn auf jedem Wagen noch 19 t Ladung transportiert werden?
c) Die Lokomotive kann ein Gewicht von 1700 t ziehen.

Lerntipps

zu Aufgabe 1
Rechne schrittweise.
Wie viele Minuten fehlen bis zur vollen Stunde?
Ergänze die restlichen Minuten zur vollen Stunde.
zu Aufgabe 3
Forme die Größe zuerst in die kleinere Einheit um, führe dann die Rechenoperation durch und forme dann wieder in die größere Einheit zurück.
zu Aufgabe 7
Miss von Ortsmitte zu Ortsmitte.

Anfangszeit: ______________ **45 min** **Abgabe:** ______________

1
Schreibe ohne Komma.
a) 45,3 €
b) 5,007 t
c) 34,78 km

2
Schreibe mit Komma.
a) 780 € 8 ct
b) 278 m 89 cm
c) 899 kg 45 g

3
Berechne.
a) 760 g + 3 kg 456 g + 0,5 kg
b) 3488 m − 1,25 km − 897 m

4
Berechne.
a) 12 · 457 g
b) 20 · (3 m 15 cm)
c) (18 kg 90 g) : 9

5
Du bekommst einen Wägesatz mit folgenden Gewichtsstücken (jeweils 1 Stück):
1 g, 2 g, 5 g, 10 g, 20 g, 50 g, 100 g
Stelle folgende Gewichte zusammen:
17 g; 62 g; 186 g

6
Bei einem Schulfest wurden 460 Waffeln verkauft; eine Waffel für 60 ct. An Kosten waren 134,50 € entstanden.
Stelle eine Frage und berechne.

7
a) Wie lange braucht der IC von Stuttgart nach Hannover?

IC 2012 Stuttgart – Hannover

Bahnhof	Zeit		Gleis
Stuttgart	**ab**	**13.14**	9
Mannheim	ab	14.08	2
Koblenz	ab	15.43	3
Köln	ab	16.42	3
Dortmund	ab	18.05	11
Hannover	**an**	**20.18**	10

b) Kann Frau Ahlers in zweieinhalb Stunden von Koblenz nach Dortmund fahren?

8
Der kleinste Seefisch ist die Zwerggrundel. Sie wird 9 mm lang. Der größte ist der Walhai mit einer Länge von 13 m.
Wie viele Zwerggrundeln müssen hintereinander schwimmen, um die Länge des Walhais zu erreichen?

Lerntipps

zu Aufgabe 1
Achte auf die Stellen hinter dem Komma!
Zur Erinnerung: Für 1 Euro bekommt man 100 ct. Also benötigt man 2 Stellen hinter dem Komma, außer an der 2. Stelle steht eine Null.
Ein Kilometer hat 1000 Meter, also stehen normalerweise drei Stellen hinter dem Komma, wenn an der 3. Stelle keine Null steht.

zu Aufgabe 2
Denke auch bei dieser Aufgabe an die Umformungszahl. Sie bestimmt die Anzahl der Stellen hinter dem Komma.

zu Aufgabe 3
Hier musst du die Größen in die gleiche Schreibweise umformen; entweder alle mit Komma oder alle ohne Komma.

zu Aufgabe 6
Wenn man etwas verkauft, interessiert man sich vor allem dafür, welchen Gewinn man dabei macht.

zu Aufgabe 8
Bei dieser Aufgabe ist es ratsam nicht nur zu rechnen, sondern das Ergebnis auch zu schätzen. Scheue dich nicht vor der Schätzung! Als Divisor kannst du nämlich ganz einfach die Zahl 10 nehmen und den Dividenden etwas aufrunden.
Du kannst dich nicht mehr an die Begriffe Dividend und Divisor erinnern? Schlage nach in deinem Mathematikbuch oder in Kapitel 3.

Anfangszeit: ______________ **45 min** **Abgabe:** ______________

1

Schreibe mit zwei Maßeinheiten.
a) 547 cm b) 3459 kg c) 245 min

2

Die Briefmarke zeigt Clara Schumann. Berechne, wie alt sie geworden ist. Gib das Ergebnis in Jahren, Monaten und Tagen an.

Clara Schumann (13.9.1819–20.5.1886) Pianistin und Komponistin.

3

Schreibe in einer Maßeinheit.
a) 23 € 8 ct
b) 5 kg 348 g 17 mg
c) 28 m 5 dm 8 cm

4

Auch Größen kann man runden.
a) Runde auf volle km: 4568 m
b) Runde auf volle kg: 17 489 g

5

Familie Groß hat sich ein Grundstück gekauft. Das Grundstück hat eine rechteckige Form. Es ist 25 m breit und 38 m lang.
Zeichne es im Maßstab 1 : 500.

6

Eine Firma besitzt drei Lastwagen, die in einer Woche folgende Entfernungen zurückgelegt haben.

	Lkw 1	Lkw 2	Lkw 3
Montag	189 km	235 km	409 km
Dienstag	202 km	309 km	569 km
Mittwoch	312 km	896 km	258 km
Donnerstag	390 km	475 km	238 km
Freitag	185 km	150 km	180 km

a) Wie viele Kilometer ist der Lkw 1 in dieser Woche gefahren?
b) Wie viele Kilometer hat der Lastwagen 3 durchschnittlich an einem Tag zurückgelegt?
c) Welcher Lastwagen hat die meisten Kilometer zurückgelegt? Finde das Ergebnis durch einen Überschlag.

7

Christinas Zug fährt um 8:07 Uhr.
Für den Weg zum Bahnhof benötigt sie 20 Minuten.
Aufstehen, Waschen und Frühstücken erledigt sie in 45 Minuten. Sie will 10 Minuten vor Abfahrt des Zuges am Bahnhof sein.
Wann muss sie aufstehen und wann muss sie aus dem Haus gehen?

Pinboard – Größen

1

a) 7€ 78 ct b) 8€ 42 ct c) 12€ 38 ct d) 14€ 5 ct

2

a) 1h 15 min b) 2 min 4 s c) 1d 11h
d) 4 kg 520 g e) 17 kg 34 g f) 2 t 980 kg
g) 12 g 409 mg h) 2 cm 5 mm i) 18 dm

3

a) 7020 g b) 15 320 m c) 3523 ct d) 408 cm
e) 125 mm f) 495 min g) 7009 m h) 207 mm

4

(Zwei unterschiedliche Schreibweisen sind möglich.)
a) 1234 cm oder 12 m 34 cm
b) 8003 m oder 8 km 3 m
c) 78 400 g oder 78 kg 400 g
d) 9120 mg oder 9 g 120 mg

5

(Auch hier sind unterschiedliche Schreibweisen möglich)
a) 6,45 m oder 64,5 dm
b) 9,324 km c) 0,154 km d) 34,008 t

6

a) 12 min bis zu 1h
b) 52 s bis zu 1 min
c) 11h bis zu 1d
d) 966 m bis zu 1 km
e) 298 kg bis zu 1t

7

a) von 8:10 bis 9:00 Uhr sind es 50 min
von 9:00 Uhr bis 14:23 Uhr sind es 5h 23 min
insgesamt: 6h 13 min
b) von 21:17 bis 22:00 Uhr sind es 43 min
von 22:00 Uhr bis 4:58 Uhr sind es 6h 58 min
insgesamt: 7h 41 min

8

a) 3h 11 min b) 15 min 3 s c) 35,124 kg
d) 12,291 kg e) 60,27 m

9

Maßstab	Plan	Wirklichkeit
1 : 5000	3 cm	150 m
1 : 25 000	24 cm	6 km
1 : 100 000	250 cm	250 km

10

(Siehe dazu den Lösungsplan für Sachaufgaben.)
zu Punkt 3: Man berechnet, wie viel die Hefte kosten, wie viel die Bleistifte kosten und subtrahiert dann die Beträge von 5€.
zu Punkt 4: Da die Beträge sehr gering sind, ist es nicht nötig, vorher einen Überschlag zu machen.
zu Punkt 5: 4 · 0,45€ = 1,8€
2 · 0,65€ = 1,3€
5€ − 1,8€ − 1,3€ = 1,9€
Antwort: Marianne bekommt 1,90€ zurück.

11

a) Die Fahrt ab 9:42 Uhr bis 17:04 Uhr dauert am längsten.
b) Die Fahrt ab 9:35 bis 16:04 Uhr ist die beste, da die Fahrzeit die kürzeste ist und man am wenigsten umsteigen muss.
c) Entweder 2h 14 min oder 2h 13 min
d) In Hannover hält er am längsten, von 11:14 Uhr bis 11:41 Uhr, also 27 Minuten.

12

750 m · 5 · 2 = 7500 m = 7,5 km
Antwort: In einer Woche legt Sarah 7,5 km zurück.

13

Butter	0,250 kg
Bananen	1,500 kg
Fleisch	0,300 kg
Äpfel	2,300 kg
Quark 3 · 250 g = 750 g =	0,750 kg
Gesamtgewicht	5,100 kg

Klassenarbeit 6.1

1 *(Je Teilaufgabe 0,5 VP. Insgesamt 2 VP)*

a) 4€ 35ct b) 23€ 70ct
c) 11€ 5ct d) 8€ 50ct

2 *(Je Teilaufgabe 1 VP. Insgesamt 4 VP)*

a) 185s b) 509h
c) 908min d) 9d 4h

3 *(Je Teilaufgabe 1 VP. Insgesamt 3 VP)*

a) 28320kg b) 4038g
c) 15007mg

4 *(1 VP)*

8:22 Uhr bis 9:00 Uhr = 38min
9:00 Uhr bis 14:10 Uhr = 5h 10min
Zeitspanne: 5h 48min

5 *(Je Teilaufgabe 1 VP. Insgesamt 3 VP)*

a) 10m 5cm b) 1kg 375g c) 8min 25s

6 *(Je Teilaufgabe 1 VP. Insgesamt 4 VP)*

a) 650ct : 5 = 130ct = 1,3€
b) 415t
c) 1750g : 7 = 250g = 0,250kg
d) 700dm : 20 = 35dm = 3,5m

7 *(Für den Rechenweg 1 VP, für das richtige Ergebnis 1 VP. Insgesamt 2 VP)*

5km = 500000cm
500000cm : 20000 = 25cm
Auf der Karte ist die Strecke 25cm lang.

8 *(Für den Rechenweg 1 VP, für das richtige Ergebnis 1 VP. Insgesamt 2 VP)*

4cm · 250000 = 1000000cm = 10km
In Wirklichkeit sind die Städte 10km voneinander entfernt.

9 *(Für den Rechenweg 1 VP, für die Summe der Kosten 1 VP und für die Kosten des einzelnen Mieters 1 VP. Insgesamt 3 VP)*

Überschlag:
Kosten insgesamt: 250€ + 430€ + 370€ = 1050€
Kosten je Mieter: 1050€ : 6 = 175€
Rechnung:
Kosten insgesamt:
243€ + 427€ + 368€ = 1038€
Kosten je Mieter:
1038€ : 6 = 173€
Die Kosten pro Mieter betragen 173€.

Klassenarbeit 6.2

1 *(Je Teilaufgabe 1 VP. Insgesamt 2 VP)*

a) 15:10 Uhr b) 11:52 Uhr

2 *(Je Teilaufgabe 0,5 VP. Insgesamt 2 VP)*

a) 5,658kg b) 12,409t
c) 4,59€ d) 84,0m

3 *(Je Teilaufgabe 1 VP. Insgesamt 2 VP)*

a) 22,5kg b) 0,156t

4 *(Je Teilaufgabe 2 VP. Insgesamt 4 VP)*

a) 45cm + 780cm = 825cm = 82dm 5cm
b) 1400cm − 34cm = 1366cm = 13m 66cm

5 *(Je Teilaufgabe 1 VP. Insgesamt 2 VP)*

a) 510,2kg b) 249,580kg

6 *(Je Teilaufgabe 1 VP. Insgesamt 2 VP)*

a) 5000g = 5kg = 5000000mg
b) 70dm = 7m = 700cm

7 *(Für die eingezeichnete Strecke und ihre gemessene Länge 1 VP. Für die Umrechnung 2 VP. Insgesamt 3 VP)*

Länge auf der Karte: 7cm
Maßstab: 1cm auf der Karte entspricht 1km in Wirklichkeit.
7 · 1km = 7km

8 *(Für den Rechenweg je Teilaufgabe 1 VP, für die Teilergebnisse je 1 VP, für die ausführliche Antwort von Teilaufgabe c) 1 VP. Insgesamt 7 VP)*
a) Gewicht der Lokomotive: 90 t
Gewicht der Wagen: 36 · 35 t = 1260 t
Gesamtgewicht: 90 t + 1260 t = 1350 t
b) Gesamtgewicht + Ladung:
1350 t + 36 · 19 t = 2034 t
c) 2034 t − 1700 t = 334 t
334 t : 54 t ≈ 6 Rest 10 t
Antwort: Die Lokomotive kann nicht alle beladenen Wagen ziehen. 7 Wagen müssen abgehängt werden oder die Beladung jedes Wagens muss verringert werden.

7 *(Je Teilaufgabe 2 VP. Insgesamt 4 VP)*
a) 13:14 Uhr bis 20:18 Uhr = 7 h 04 min
b) 15:43 Uhr bis 18:05 Uhr = 2 h 22 min
Wenn der Zug keine Verspätung hat, kann sie es schaffen.

8 *(Für den richtigen Rechenweg 1 VP, für das Ergebnis 2 VP. Insgesamt 3 VP)*
Überschlag: 14 000 mm : 10 mm = 1400
Rechnung:
13 000 mm : 9 mm = 1444 Rest 4 mm
Es müssen etwa 1444 Zwerggrundeln hintereinander schwimmen.

Klassenarbeit 6.3

1 *(Je Teilaufgabe 1 VP. Insgesamt 3 VP)*
a) 45 € 30 ct b) 5 t 7 kg c) 34 km 780 m

2 *(Je Teilaufgabe 1 VP. Insgesamt 3 VP)*
a) 780,08 € b) 278,89 m c) 899,045 kg

3 *(Je Teilaufgabe 1 VP. Insgesamt 2 VP)*
a) 760 g + 3456 g + 500 g = 4716 g
b) 3488 m − 1250 m − 897 m = 1341 m

4 *(Je Teilaufgabe 1 VP. Insgesamt 3 VP)*
a) 5484 g = 5,484 kg b) 63 m
c) 2010 g = 2,01 kg

5 *(Für jedes zusammengestellte Gewicht 1 VP. Insgesamt 3 VP.)*
Es gibt mehrere Möglichkeiten.
Mögliche Lösungen:
17 g = 10 g + 5 g + 2 g
62 g = 50 g + 10 g + 2 g
186 g = 100 g + 50 g + 20 g + 10 g + 5 g + 1 g

6 *(Für die formulierte Frage 1 VP, für die Rechnung 2 VP. Insgesamt 3 VP)*
Frage: Wie hoch war der Verdienst?
Einnahmen: 460 · 60 ct = 27 600 ct = 276 €
Verdienst: 276 € − 134,50 € = 141,50 €
Antwort: Beim Waffelverkauf wurden 141,50 € verdient.

Klassenarbeit 6.4

1 *(Je Teilaufgabe 1 VP. Insgesamt 3 VP)*
a) 5 m 47 cm oder 54 dm 7 cm
b) 3 t 459 kg
c) 4 h 5 min

2 *(1 VP für die Anzahl der Jahre und 1 VP für die Anzahl der Monate und Tage. Insgesamt 2 VP)*
67 Jahre, 8 Monate und 7 Tage.

3 *(Je Teilaufgabe 1 VP. Insgesamt 3 VP)*
a) 23,08 € oder 2308 ct
b) 5,348 017 kg oder 5 348,017 g
c) 28,58 m oder 285,8 dm oder 2858 cm

4 *(Je Teilaufgabe 1 VP. Insgesamt 2 VP)*
a) 4,568 km ≈ 5 km
b) 17, 489 kg ≈ 17 kg

5 *(Für die maßstäbliche Umrechnung 2 VP, für die Zeichnung 1 VP. Insgesamt 3 VP)*
25 m = 2500 cm; 38 m = 3800 cm
2500 cm : 500 = 5 cm
3800 cm : 500 = 38 000 mm : 500 = 76 mm = 7,6 cm

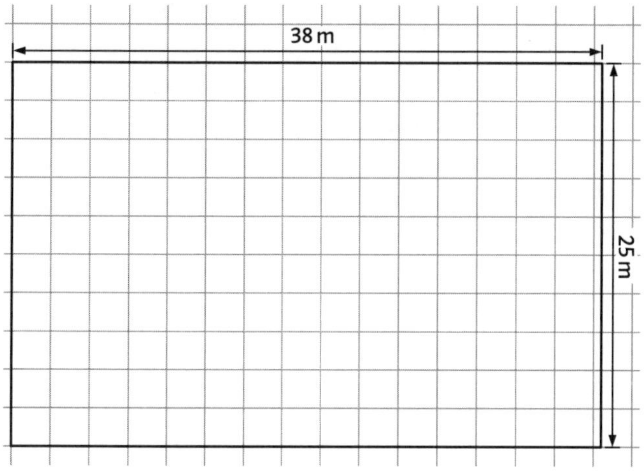

6 *(Für Teilaufgabe a) 2 VP, für Teilaufgabe b) 3 VP und für Teilaufgabe c) 2 VP. Insgesamt 7 VP)*
a) 1278 km
b) Insgesamt hat er 1654 km zurückgelegt.
Durchschnitt pro Tag: 1654 km : 5 = 330 km
Rest 4 km
c) Überschlag:
Lkw 1: 200 km + 200 km + 300 km + 400 km + 200 km = 1300 km
Lkw 2: 200 km + 300 km + 900 km + 500 km + 200 km = 2100 km
Lkw 3: 400 km + 600 km + 300 km + 200 km + 200 km = 1700 km
Antwort: Lkw 2 hat die meisten Kilometer zurückgelegt.

7 *(Für den richtigen Rechenweg 2 VP, für die Teilergebnisse: benötigte Zeit 1 VP und richtige Abgangszeit 1 VP. Insgesamt 4 VP)*
Benötigte Zeit:
20 min + 45 min + 10 min = 75 min = 1 h 15 min
Aufstehzeit:
1 h 15 min vor 8:07 Uhr, also um 6:52 Uhr.
Antwort: Christina muss um 6:52 Uhr aufstehen und um 7:37 Uhr das Haus verlassen.

Pinboard – Brüche

Brüche

Bruchteile erkennen und darstellen

Wird ein Ganzes in gleich große Teile zerlegt, so erhält man Bruchteile des Ganzen. Die Bezeichnungen für diese Bruchteile nennt man Brüche. Ein Bruch ist eine zusammengesetzte Zahl:

Bruchstrich — $\frac{2}{5}$ — Zähler (2), Nenner (5)

Der **Nenner** gibt an, in wie viele gleich große Teile das Ganze geteilt wurde.
Der **Zähler** gibt an, wie viele dieser Teile genommen werden.

Beispiele

Das Ganze

wird in 3 gleiche Teile geteilt

und 1 Teil wird genommen.

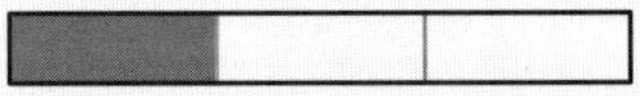

Dann hat man $\frac{1}{3}$ des Ganzen.

Bruchteile von Größen

Im Alltag werden häufig **Bruchteile von Größen** verwendet.

$\frac{1}{5}$ km, $\frac{2}{3}$ h, $\frac{3}{4}$ km

In vielen Fällen ist es günstig, in eine andere Maßeinheit umzuwandeln.

$\frac{1}{5}\,\text{km} = 1000\,\text{m} : 5 = 200\,\text{m}$

$\frac{3}{4}\,\text{kg} = 3000\,\text{g} : 4 = 750\,\text{g}$

$45\,\text{g} = \frac{45}{1000}\,\text{kg}$

$17\,\text{min} = \frac{17}{60}\,\text{h}$

Bei manchen Bruchteilen von Größen treten natürliche Zahlen und Brüche auf. Man spricht dann von einer gemischten Schreibweise.

$2\frac{3}{4}\,\text{kg} = 2\,\text{kg} + \frac{3}{4}\,\text{kg} = 2000\,\text{g} + 750\,\text{g} = 2750\,\text{g}$

Dezimalbrüche

Bruchzahlen mit dem Nenner 10, 100, 1000 usw. sind besondere Brüche. Man hat für diese Brüche die einfache Dezimal- oder **Kommaschreibweise**. An der ersten Stelle nach dem Komma stehen die Zehntel, an der zweiten die Hundertstel, an der dritten die Tausendstel … der Größe.

$1\,\text{kg} + \frac{2}{10}\,\text{kg} + \frac{4}{100}\,\text{kg} + \frac{5}{1000}\,\text{kg} = 1{,}245\,\text{kg}$

$7{,}34\,\text{m} = 7\,\text{m} + \frac{3}{10}\,\text{m} + \frac{4}{100}\,\text{m}$

Bist du sicher?

1 In wie viele gleich große Teile ist das Ganze zerlegt? Wie heißt ein solcher Bruchteil?

a) 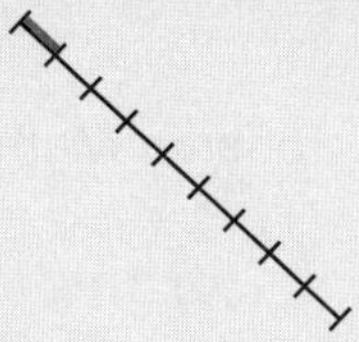

b) 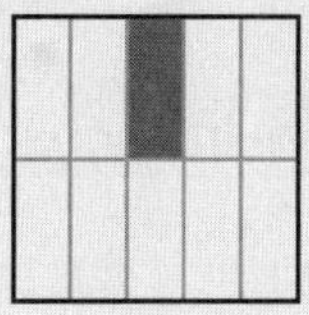

c) 

2 Welcher Bruch wird durch die gefärbte Fläche dargestellt? Wie groß ist der Rest?

a) 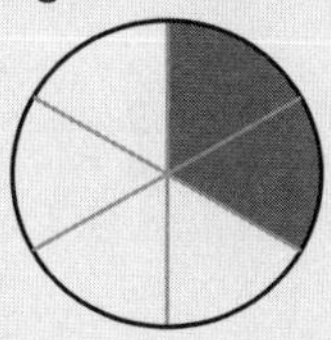

b) 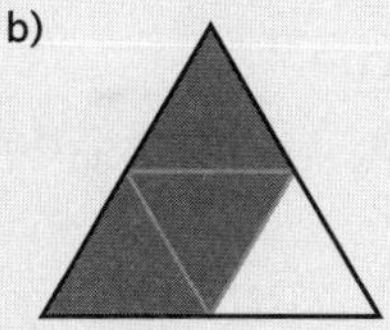

c) 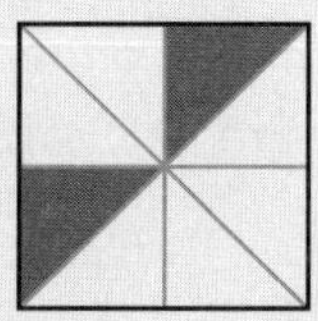

3 Stelle die Bruchteile jeweils in einem Rechteck dar.

a) $\frac{3}{8}$ b) $\frac{2}{5}$

4 Schreibe ohne Brüche.

a) $\frac{2}{10}$ m b) $\frac{3}{8}$ kg c) $4\frac{2}{5}$ km d) $\frac{7}{100}$ €

5 Schreibe als Bruchteil in der nächstgrößeren Maßeinheit.

a) 1 cm b) 1 kg c) 1 min
d) 3 ct e) 25 cm f) 5 d
g) 6 mg h) 7 dm i) 15 s

6 Schreibe als Dezimalbruch.

a) $\frac{5}{10}$ m b) $\frac{255}{1000}$ g c) $\frac{35}{1000}$ kg d) $\frac{45}{100}$ m
e) 3 kg 734 g f) 4 € 15 ct g) 15 km 48 m

7 Zeichne die Figur in dein Heft und ergänze sie zu einem Ganzen.

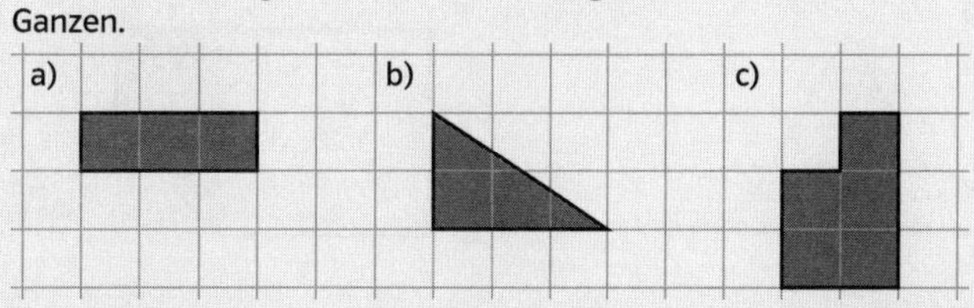

Anfangszeit: ____________ **45 min** **Abgabe:** ____________

1
Welcher Bruch wird durch die gefärbte Fläche dargestellt?

a) 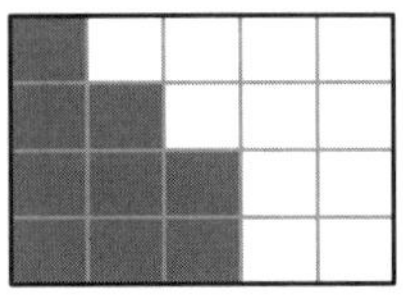 b) 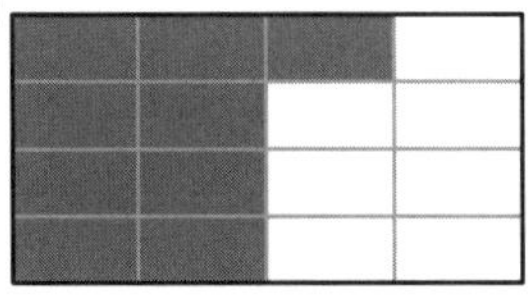

c) 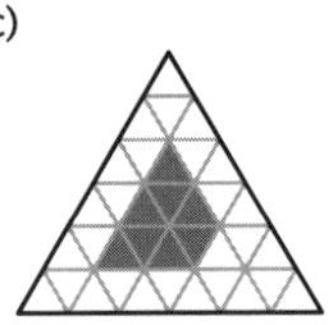 d) 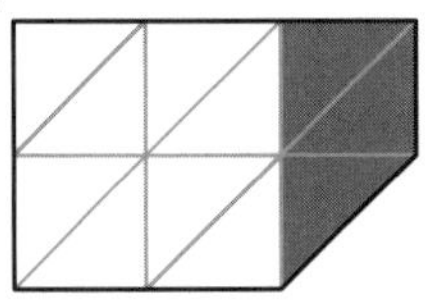

2
Stelle den Bruchteil in einem geeigneten Rechteck dar.
$\frac{2}{7}$

3
Zeichne die Figur in dein Heft und ergänze sie zu einem Ganzen.

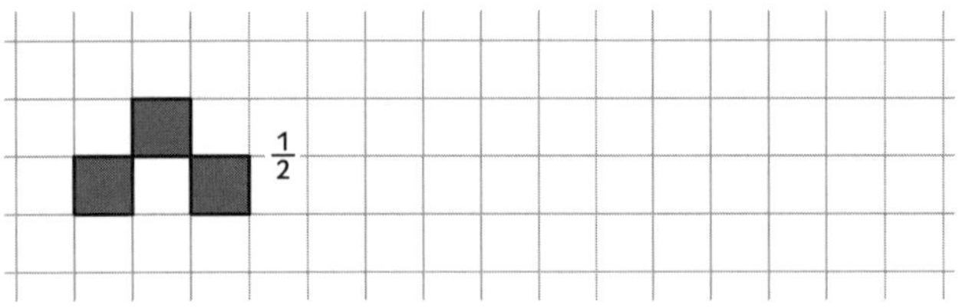

4
Schreibe als Bruchteil in der nächstgrößeren Maßeinheit.
a) 1 cm b) 1 min c) 1 ct d) 1 mg

5
Schreibe ohne Brüche.
a) $\frac{1}{5}$m b) $\frac{1}{3}$h c) $\frac{2}{10}$dm d) $\frac{3}{4}$€

6
Schreibe als Bruchteil in der nächstgrößeren Maßeinheit
a) 20 ct b) 45 cm c) 250 mg d) 7 mm

7
Schreibe als Dezimalbruch.
a) $\frac{345}{1000}$m b) $\frac{12}{100}$€ c) $\frac{8}{10}$kg

Lerntipps

zu Aufgabe 1
Die Vorgehensweise bei solchen Aufgaben ist immer die gleiche:
- Zähle zuerst, in wie viele gleiche Teile das Ganze eingeteilt wurde. Du erhältst damit den Nenner.
- Zähle dann, wie viele Teile davon hervorgehoben wurden. Du erhältst damit den Zähler.
- Die nicht hervorgehobenen Teile bilden den Rest.

zu Aufgabe 3
Bedenke, dass es eine zusammenhängende Figur sein muss.

zu Aufgabe 4 bis 7
Die Umformungszahlen für Maßeinheiten sind dabei wieder eine große Hilfe.

zu Aufgabe 5
Forme den Zähler zuerst in eine kleinere Maßeinheit um und teile dann die Maßzahl durch den Nenner.

Anfangszeit: ____________ **45 min** **Abgabe:** ____________

1
In jeder Figur ist ein Teilkörper hervorgehoben.
Welcher Bruchteil des Körpers ist das?
Wie groß ist der Rest?

a)

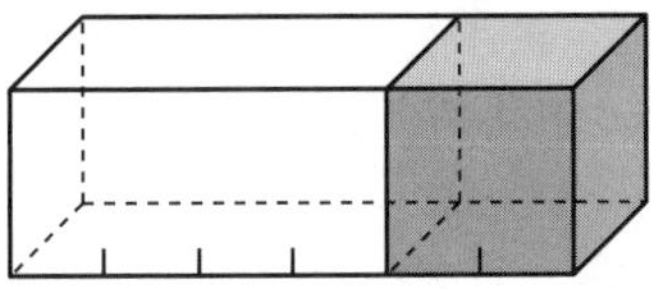

b)

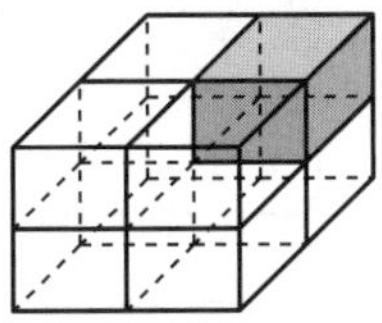

2
Ergänze die Figur zu einem Ganzen.

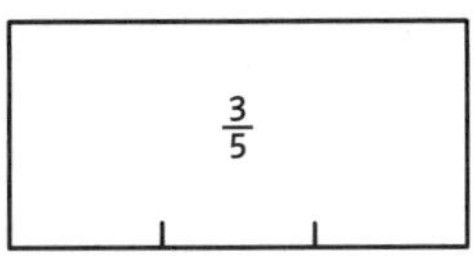

3
Setze die Zeichen <, > oder = für den Platzhalter.
a) 75 cm □ $\frac{4}{5}$ m
b) 40 ct □ $\frac{2}{5}$ €
c) $\frac{5}{8}$ kg □ 0,9 kg

4
Zeichne eine 12 cm lange Strecke in dein Heft und färbe $\frac{5}{10}$.

5
Schreibe in gemischter Schreibweise.
a) 3,05 € b) 78,5 kg c) 2,4 m

6
Schreibe mit Komma.
a) $4\frac{3}{10}$ m b) $15\frac{8}{100}$ € c) $\frac{59}{10}$ €

7
Schreibe als Bruchteil in der nächstgrößeren Maßeinheit.
a) 5 ct b) 14 min c) 3 h

8
Schreibe ohne Komma.
a) 4,05 € b) 37,8 km c) 0,005 kg

Lerntipps

zu Aufgabe 1
Lies dazu die Lerntipps zu Aufgabe 1 der Klassenarbeit 7.1

zu Aufgabe 2
- Der Zähler gibt dir an, wie viele Teile vorhanden sind.
- Jetzt musst du feststellen, wie groß ein Teil ist.
- Der Nenner sagt dir, aus wie vielen Teilen das Ganze besteht.
- Ergänze die fehlenden Teile.

zu Aufgabe 3
Um vergleichen zu können, musst du die Größen auf eine Schreibweise bringen.

zu Aufgabe 4
Forme die Größe 12 cm in eine kleinere Maßeinheit um. Dann kannst du sie gut in 10 Teile teilen.

zu Aufgabe 5
Gemischte Schreibweise heißt, den Dezimalteil durch einen passenden Bruch ersetzen.

Anfangszeit: ____________ **45 min** Abgabe: ____________

1

Welche Aufgabe lässt sich gut durchführen und welche nicht so gut? Begründe deine Antwort.

A) In einer Tüte sind 24 Bonbons. Sie werden an sechs Kinder verteilt.

B) 20 € sollen an 3 Kinder verteilt werden.

2

Vervollständige zu einer rechteckigen Figur.
Welcher Bruchteil hat gefehlt?

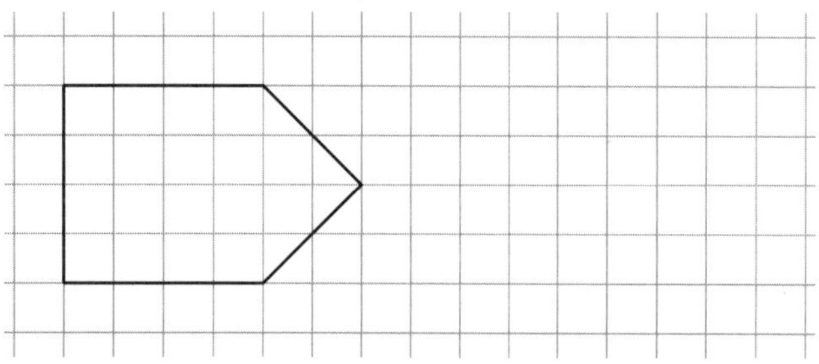

3

Wo haben sich Fehler eingeschlichen?
Begründe.

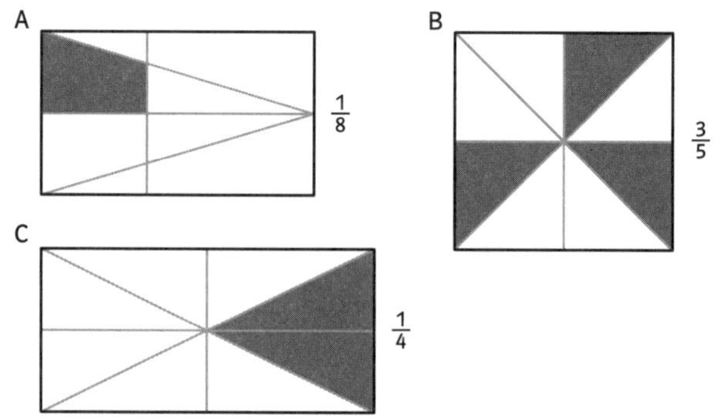

4

Schreibe in der nächstkleineren Einheit.

a) $\frac{1}{5}$kg b) $\frac{2}{3}$h c) $\frac{5}{8}$km d) $\frac{1}{2}$d

5

Schreibe als gemischte Zahl.

a) $\frac{75}{10}$cm b) $\frac{65}{60}$min c) $\frac{124}{100}$m

6

Schreibe als Dezimalbruch.

a) $\frac{72}{10}$€ b) $3\frac{58}{1000}$kg c) $37\frac{8}{100}$m

Lerntipps

zu Aufgabe 1
Auch diese Aufgabe hängt mit der Bruchrechnung zusammen. Du sollst dir überlegen, in welchem Fall man gleichmäßig aufteilen kann.
zu Aufgabe 2
Es gibt mehrere Möglichkeiten.
zu Aufgabe 3
Denke wieder an die gleichmäßige Aufteilung, aber auch an die Gesamtzahl der Teile. Sie bestimmt den Nenner.
zu Aufgabe 5
Beachte, dass der Zähler größer ist als der Nenner.
zu Aufgabe 6
Achte auf den Nenner! Die Anzahl der Nullen bestimmt die Anzahl der Stellen hinter dem Komma.

Anfangszeit: ______________ **45 min** **Abgabe:** ______________

1
Färbe $\frac{2}{7}$ der abgebildeten Fläche.

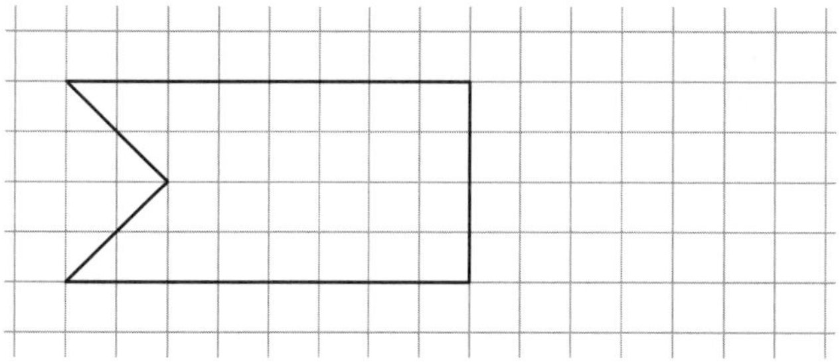

2
Welcher Bruchteil wird durch die gefärbte Fläche dargestellt? Gib den Bruchteil auf drei verschiedene Arten an.

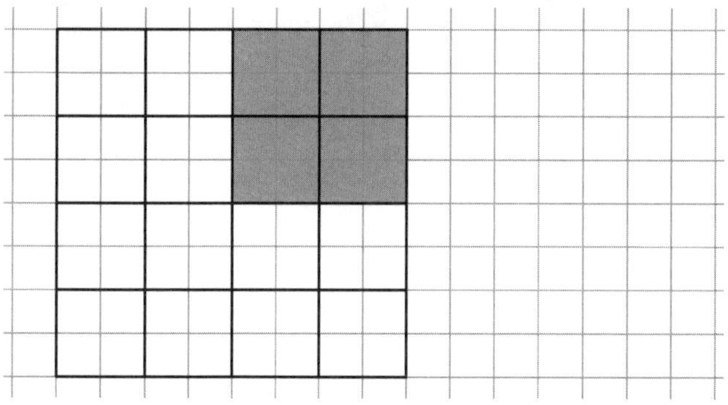

3
Schätze die gefärbten Bruchteile.

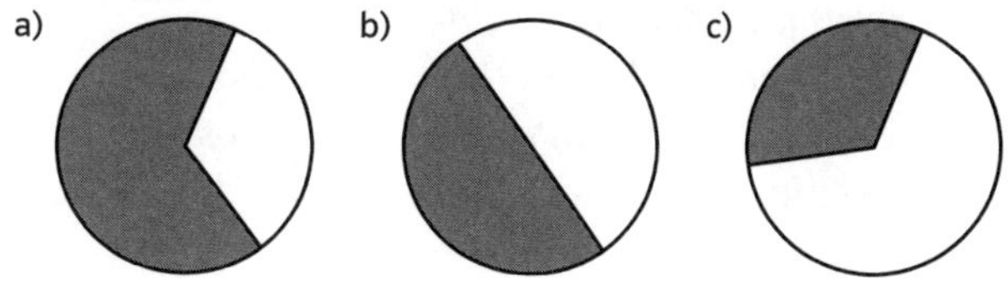

4
Stimmt es, dass die Strecke $\overline{AB}$ genau $\frac{2}{3}$ der gesamten Strecke $\overline{AC}$ ist?
Begründe deine Antwort.

5
Schreibe als Bruchteil in der nächstgrößeren Maßeinheit. Wie bist du vorgegangen?

a) 15 min b) 7 dm c) 8 h

6
Gib den Zeitpunkt an.

a) $\frac{1}{4}$ h nach 12:30 Uhr b) $\frac{1}{3}$ h vor 18:00 Uhr

c) $2\frac{1}{2}$ h nach 23:10 Uhr

7
Schreibe als Dezimalbruch.

a) $\frac{7}{100}$ km b) $\frac{32}{10}$ g c) $4\frac{9}{1000}$ kg

Pinboard - Brüche

1

Die Aufgabe zeigt noch einmal, wie man einen Bruchteil bestimmt. Zuerst stellt man fest, in wie viele gleich große Teile das Ganze zerlegt wurde. Diese Anzahl bestimmt den Nenner des Bruchs.
Dann zählt man die Anzahl der hervorgehobenen Teile. Diese Anzahl bestimmt den Zähler des Bruchs.

a) 9 Teile sind es insgesamt, 1 Teil wurde hervorgehoben, also $\frac{1}{9}$.
b) 10 Teile sind es insgesamt, 1 Teil wurde hervorgehoben, also $\frac{1}{10}$.
c) 20 Teile sind es insgesamt, 1 Teil wurde hervorgehoben, also $\frac{1}{20}$.

2

a) $\frac{2}{6}$, Rest: $\frac{4}{6}$ b) $\frac{3}{4}$, Rest: $\frac{1}{4}$ c) $\frac{2}{8}$, Rest: $\frac{6}{8}$

3

Wichtig ist bei dieser Art Aufgaben, dass du zuerst das Ganze zeichnest. Dann teilst du das Ganze in gleich große Teile. Die Anzahl der Teile wird vom Nenner bestimmt. Der Zähler sagt dir, wie viele Teile du färben musst.
Mögliche Lösungen:

a)

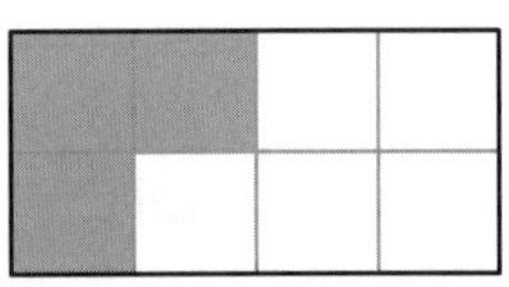

b)

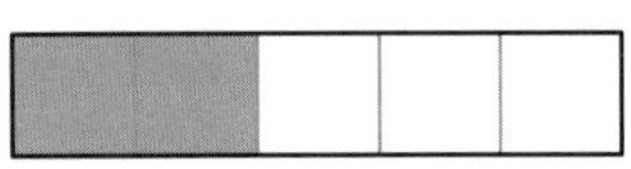

4

a) $\frac{2}{10}$m = 200 cm : 10 = 20 cm
b) $\frac{3}{8}$kg = 3000 g : 8 = 375 g
c) $4\frac{2}{5}$km = 4 km + 2000 m : 5 = 4 km 400 m = 4,4 km
d) $\frac{7}{100}$€ = 700 ct : 100 = 7 ct

5

Bei dieser Aufgabe musst du dich wieder an die Umformungszahl der einzelnen Größen erinnern.

a) 1 cm = $\frac{1}{10}$ dm b) 1 kg = $\frac{1}{1000}$ t
c) 1 min = $\frac{1}{60}$ h d) 3 ct = $\frac{3}{100}$ €
e) 25 cm = $\frac{25}{10}$ dm f) 5 d = $\frac{5}{365}$ a
g) 6 mg = $\frac{6}{1000}$ g h) 7 dm = $\frac{7}{10}$ m
i) 15 s = $\frac{15}{60}$ min

6

a) 0,5 m b) 0,255 g c) 0,035 kg d) 0,45 m
e) 3,734 kg f) 4,15 € g) 15,048 km

7

Mögliche Lösungen:

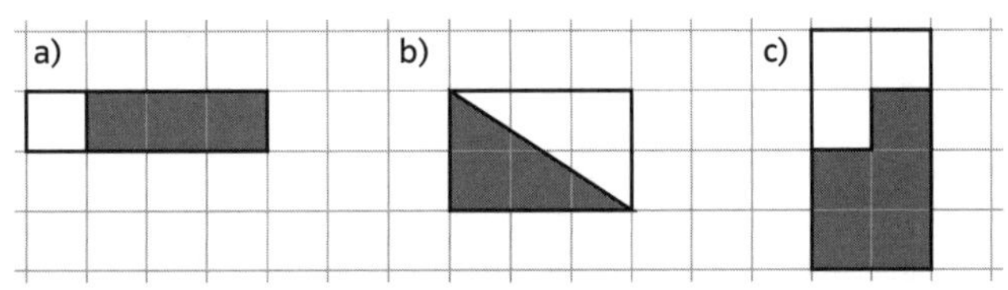

Klassenarbeit 7.1

1 *(Für jede Teilaufgabe 1 VP. Insgesamt 4 VP)*

a) Insgesamt 20 Teile, 9 davon sind gefärbt, also $\frac{9}{20}$.
b) Insgesamt 16 Teile, 9 davon sind gefärbt, also $\frac{9}{16}$.
c) Insgesamt 36 Teile, 8 davon sind gefärbt, also $\frac{8}{36}$.
d) Insgesamt 11 Teile, 3 davon sind gefärbt, also $\frac{3}{11}$.

2 *(2 VP für die gleichmäßige Zerlegung des Rechtecks in 7 Teile, 1 VP für die Färbung der zwei Teile. Insgesamt 3 VP)*
Mögliche Lösung:

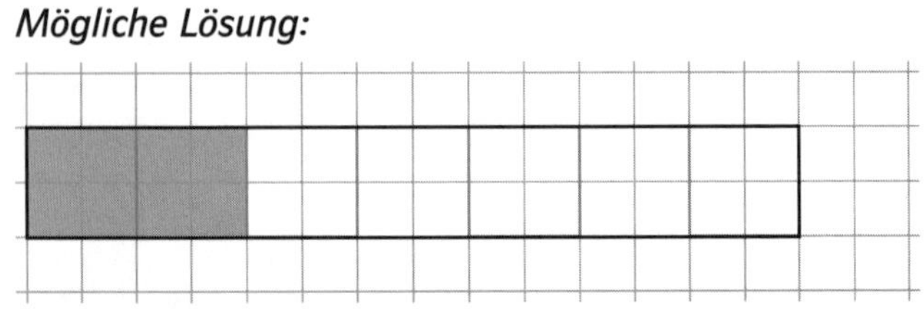

3 *(1 VP für die geschlossene Figur, 1 VP für die ergänzten Quadrate. Insgesamt 2 VP)*
Mögliche Lösung:

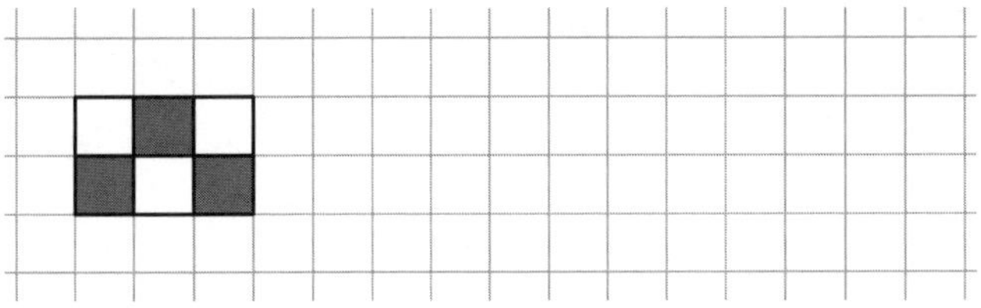

4 *(Je Teilaufgabe 1 VP. Insgesamt 4 VP)*
a) $\frac{1}{10}$ dm b) $\frac{1}{60}$ h c) $\frac{1}{100}$ € d) $\frac{1}{1000}$ g

5 *(Je Teilaufgabe 1 VP. Insgesamt 4 VP)*
a) 100 cm : 5 = 20 cm
b) 60 min : 3 = 20 min
c) 20 cm : 10 = 2 cm
d) 300 ct : 4 = 75 ct

6 *(Je Teilaufgabe 1 VP. Insgesamt 4 VP)*
a) 20 € : 100 = $\frac{20}{100}$ €
b) 45 dm : 10 = $\frac{45}{10}$ dm
c) 250 g : 1000 = $\frac{250}{1000}$ g
d) 7 cm : 10 = $\frac{7}{10}$ cm

7 *(Je Teilaufgabe 1 VP. Insgesamt 3 VP)*
a) 0,345 m b) 0,12 € c) 0,8 kg

Klassenarbeit 7.2

1 *(Je Teilaufgabe 1 VP für den Bruchteil und 1 VP für den Rest. Insgesamt 4 VP)*
a) $\frac{2}{6}$, Rest: $\frac{4}{6}$ b) $\frac{1}{8}$, Rest: $\frac{7}{8}$

2 *(2 VP)*

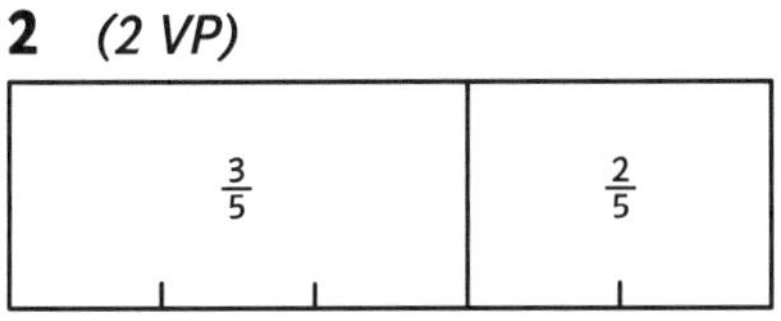

3 *(Je Teilaufgabe 1 VP. Insgesamt 3 VP)*
a) 75 cm < $\frac{4}{5}$ m, da $\frac{4}{5}$ m = 400 cm : 5 = 80 cm
b) 40 ct = $\frac{2}{5}$ €, da $\frac{2}{5}$ € = 200 ct : 5 = 40 ct
c) $\frac{5}{8}$ kg < 0,9 kg, da $\frac{5}{8}$ kg = 5000 g : 8 = 625 g und 0,9 kg = 900 g

4 *(Für die richtige Einteilung der Strecke 2 VP, für den gefärbten Bruchteil 1 VP. Insgesamt 3 VP)*
Achte darauf, dass die 12 cm lange Strecke in 10 Teile geteilt werden muss. Ein Teil ist dann 12 mm lang. Du musst somit für den Bruchteil 60 mm = 6 cm färben.

5 *(Je Teilaufgabe 1 VP. Insgesamt 3 VP)*
a) $3\frac{5}{100}$ € b) $78\frac{500}{1000}$ kg c) $2\frac{4}{10}$ m

6 *(Je Teilaufgabe 1 VP. Insgesamt 3 VP)*
a) 4,3 m b) 15,08 € c) 5,9 €

7 *(Je Teilaufgabe 1 VP. Insgesamt 3 VP)*
a) $\frac{5}{100}$ € b) $\frac{14}{60}$ h c) $\frac{3}{24}$ d

8 *(Je Teilaufgabe 1 VP. Insgesamt 3 VP)*
Es gibt verschiedene Schreibweisen.
a) 4 € 5 ct oder 405 ct oder $4\frac{5}{100}$ €
b) 37 km 800 m oder 37 800 m oder $37\frac{8}{10}$ km
c) 5 g oder $\frac{5}{1000}$ kg

Klassenarbeit 7.3

1 *(Je Teilaufgabe 2 VP. Insgesamt 4 VP)*
A: Diese Rechnung lässt sich gut durchführen, da die Zahl 24 ohne Rest durch 6 geteilt werden kann.
B: Diese Aufgabe kann nicht durchgeführt werden. 20 € oder 2000 ct kann man nicht ohne Rest durch 3 teilen.

2 *(Für die ganze Figur 2 VP, für den fehlenden Bruchteil 2 VP. Insgesamt 4 VP)*

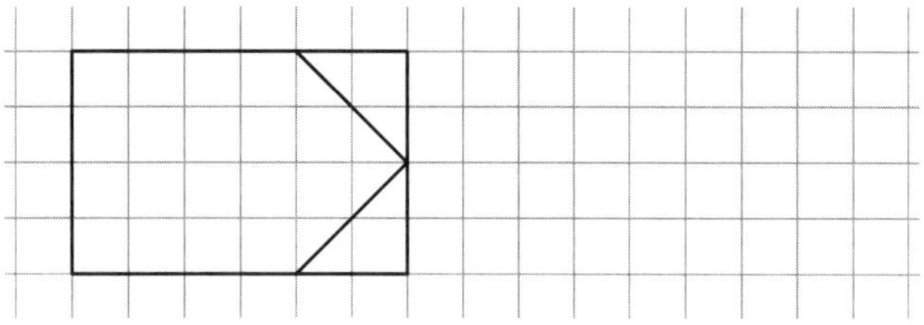

Es gibt sehr viele Möglichkeiten. Die kleinste Größe ist oben dargestellt. Damit wurde die Figur um 4 Kästchen erweitert. Die ganze Figur hat somit 24 Kästchen. Der fehlende Bruchteil beträgt damit $\frac{4}{24}$.

3 *(Für jede Teilaufgabe 2 VP, 1 VP für die richtige Entscheidung und 1 VP für die Begründung. Insgesamt 6 VP)*
A: Hier hat sich ein Fehler eingeschlichen, da die einzelnen Teile nicht gleich groß sind.
B: Hier hat sich auch ein Fehler eingeschlichen. Das Quadrat wurde in 8 Teile geteilt. Der Nenner muss damit die Zahl 8 sein.
C: Hier hat sich kein Fehler eingeschlichen. Die Teile sind gleich groß, Zähler und Nenner stimmen auch.

4 *(Je Teilaufgabe 1 VP. Insgesamt 4 VP)*
a) 1000 g : 5 = 200 g
b) 120 min : 3 = 40 min
c) 5000 m : 8 = 625 m
d) 24 h : 2 = 12 h

5 *(Je Teilaufgabe 1 VP. Insgesamt 3 VP)*
a) $\frac{75}{10}\text{cm} = \frac{70}{10}\text{cm} + \frac{5}{10}\text{cm} = 7\frac{5}{10}\text{cm}$
b) $\frac{65}{60}\text{min} = \frac{60}{60}\text{min} + \frac{5}{60}\text{min} = 1\frac{5}{60}\text{min}$
c) $\frac{124}{100}\text{m} = \frac{100}{100}\text{m} + \frac{24}{100}\text{m} = 1\frac{24}{100}\text{m}$

6 *(Je Teilaufgabe 1 VP. Insgesamt 3 VP)*
a) $\frac{72}{10}€ = \frac{70}{10}€ + \frac{2}{10}€ = 7{,}2\,€$
b) 3,058 kg
c) 37,08 m

Klassenarbeit 7.4

1 *(3VP)*
Es gibt mehrere Möglichkeiten für das Einfärben. Es müssen nur immer 8 Kästchen sein.

2 *(Für jede Art 1 VP. Insgesamt 3 VP)*
Du hast vielleicht bemerkt, dass hier unterschiedliche Einteilungen vorgenommen wurden. Folgende drei Brüche sind möglich:
$\frac{1}{4}$, $\frac{4}{16}$, $\frac{16}{64}$

3 *(Je Teilaufgabe 1 VP. Insgesamt 3 VP)*
a) etwa $\frac{2}{3}$ b) etwa $\frac{1}{2}$ c) etwa $\frac{1}{3}$

4 *(Für die richtige Entscheidung 1 VP, für die Antwort 2 VP. Insgesamt 3 VP)*
Die Antwort stimmt.
Die ganze Strecke ist 48 mm lang. Teilt man sie in 3 Teile, ist ein Teil 16 mm lang. Zwei Teile sind dann 32 mm lang, wie in der Zeichnung zu erkennen ist.

5 *(Für jede Teilaufgabe 2 VP, 1 VP für die Umformung und 1 VP für die Erklärung. Insgesamt 6 VP)*
a) $\frac{15}{60}$h
Da 1 Stunde 60 Minuten hat, ist 1 Minute $\frac{1}{60}$ einer Stunde und 15 min sind dann $\frac{15}{60}$h.
b) $\frac{7}{10}$m
Ein Meter hat 10 dm, 1 dm ist dann $\frac{1}{10}$m und 7 dm sind $\frac{7}{10}$m.
c) $\frac{8}{24}$d
Ein Tag hat 24 Stunden, damit ist eine Stunde $\frac{1}{24}$ des Tages und 8 h sind $\frac{8}{24}$d.

6 *(Je Teilaufgabe 1 VP. Insgesamt 3 VP)*
a) $\frac{1}{4}$h = 15 min
15 min nach 12:30 Uhr ist 12:45 Uhr
b) $\frac{1}{3}$h = 20 min
20 min vor 18:00 Uhr ist 17:40 Uhr
c) $2\frac{1}{2}$h = 2 h + 30 min
Schrittweise Berechnung:
2 h nach 23:10 Uhr ist 1:10 Uhr
30 min nach 1:10 Uhr ist 1:40 Uhr

7 *(Je Teilaufgabe 1 VP. Insgesamt 3 VP)*
a) 0,070 km
b) 3,2 g
c) 4,009 kg

Vorbemerkung zu den Jahrgangsarbeiten

Eine Jahrgangsarbeit enthält Aufgaben zu den verschiedenen Themenbereichen, die du in diesem Schuljahr kennengelernt hast. Damit erhältst du die Möglichkeit, zu überprüfen, wie gut du den Stoff verstanden hast. Die Arbeitszeit beträgt 45 Minuten. Trage deine Lösungswege und Ergebnisse auf den Aufgabenblättern ein.
Zur Korrektur verwendest du die ausführlichen Lösungen. Beachte die Verrechnungspunktezahlen zu jeder Teilaufgabe. Mit der Umrechnungstabelle auf Seite 10 kannst du dir eine Note geben und damit deinen Leistungsstand einschätzen.
Diese erste Jahrgangsarbeit enthält darüber hinaus bei jeder Aufgabenlösung Hinweise darauf, mit welchen Aufgaben aus diesem Buch du gegebenenfalls noch einmal nicht sicher beherrschten Stoff üben kannst.

1

Vor einer Fahrradtour wurden die Fahrräder der Klasse 5b von der Polizei auf ihre Verkehrssicherheit überprüft. Dabei wurden fehlende und defekte Teile beanstandet.

Zeichne ein Balkendiagramm.

Glocke	𝍸 𝍸 II
Bremsen	IIII
Bereifung	II
Beleuchtung	𝍸 IIII
Reflektoren	IIII

2

Runde die Zahl

a) 34 098 auf Tausender. ____________________

b) 3 789 500 auf Millionen. ____________________

c) 9 640 478 000 auf Milliarden. ____________________

3

Berechne.

$5378 - (45 + 7 \cdot 85)$ ____________________

4

a) Zeichne in das Quadratgitternetz die Punkte A(2|1), B(5|4), C(6|1) und D(3|4).
b) Verbinde die Punkte A und B miteinander und die Punkte C und D.
Was kannst du über den Verlauf der beiden Strecken sagen?

5

Zeichne das Schrägbild von zwei nebeneinanderliegenden Quadern.
Ein Quader hat die Seitenlängen 6 cm, 5 cm und 3 cm.

6

Ein Getränkemarkt bietet zwei Sorten Mineralwasser in Kästen zu je 12 Flaschen an. Der leere Kasten (ohne Flaschen) kostet 1,50 € Pfand. Lucas kauft jeweils zwei Kästen Goldquelle und Silberquellle. Er gibt kein Leergut ab.
Was muss er dafür bezahlen?

7

Schreibe als Bruchteil in der nächstgrößeren Maßeinheit.

a) 5 m b) 3 min c) 8 h

1
Schreibe die Zahl 3 709 800 in Worten.

___

2
Wie heißt die kleinste siebenstellige Zahl mit der Ziffernsumme 23?

___

3
Berechne. Führe vorher einen Überschlag durch.
3 789 408 – 75 450 – 436 280 – 1 482 502
Überschlag:

___

___

Rechnung:

4
Schreibe als Term und berechne seinen Wert.
Addiere zur Summe der Zahlen 3450 und 7812 die Differenz der Zahlen 23 680 und 13 099.
Term:

___

Rechnung:

5

Schreibe den Rechenausdruck in Worten und berechne seinen Wert.

$34 \cdot 75 - 120 : 8$

in Worten:

Rechnung:

6

Bauer Ahlers schätzt seine diesjährige Ernte an Zuckerrüben auf etwa 400 t. Er will die Rüben mit seinem Traktor und zwei Anhängern in die Zuckerfabrik transportieren. Der eine Anhänger darf maximal mit 10 t, der andere mit 7,5 t beladen werden.

Wie oft muss er mindestens zur Fabrik fahren?

7

Ergänze zu einem symmetrischen Trapez.

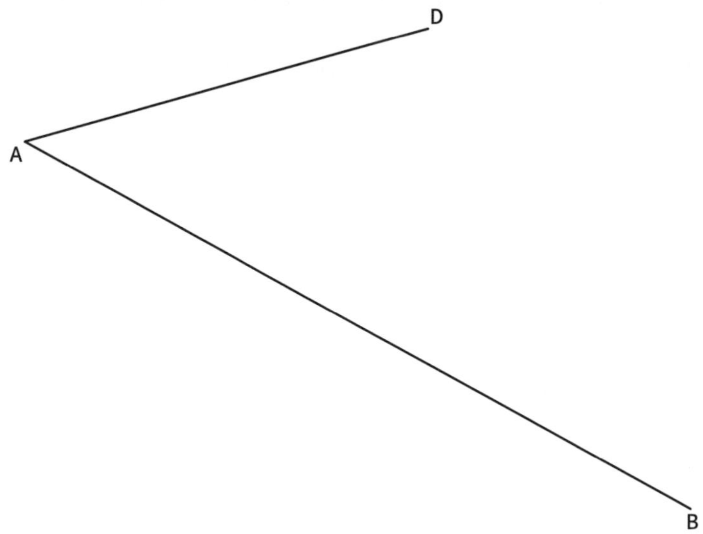

8

Rechne jeweils in die nächst größere Einheit um.

a) 340 cm b) 134 min c) 7870 g d) 68 h

Jahrgangsarbeit 1 – Lösungen

Punkte:

1

Vor einer Fahrradtour wurden die Fahrräder der Klasse 5 b von der Polizei auf ihre Verkehrssicherheit überprüft. Dabei wurden fehlende und defekte Teile beanstandet.

Zeichne ein Balkendiagramm.

Glocke	卌 卌 II
Bremsen	IIII
Bereifung	II
Beleuchtung	卌 IIII
Reflektoren	IIII

2 ☐ Länge der Balken

1 ☐ Beschriftung des Diagramms

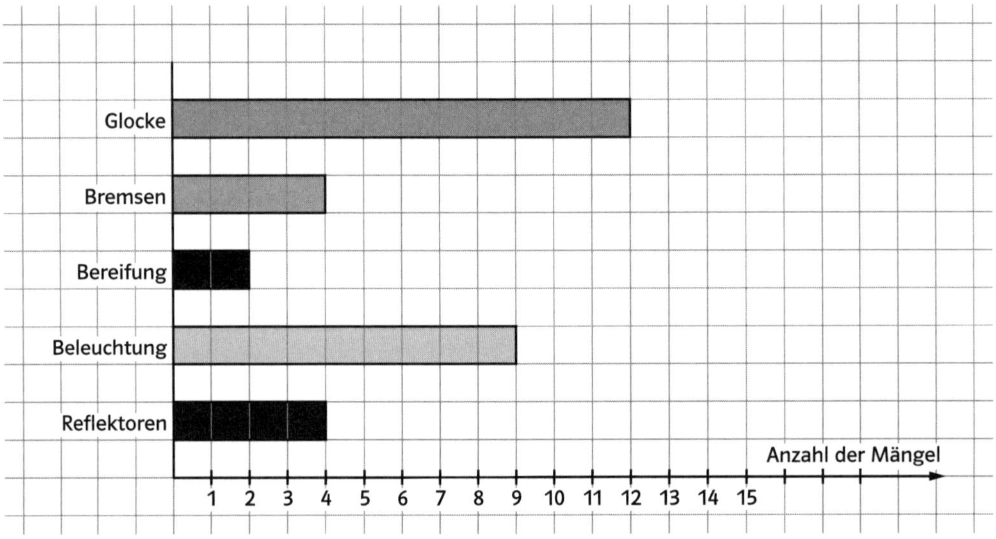

2

Runde die Zahl.

1 ☐ a) 34 098 auf Tausender 34 098 ≈ <u>34 000</u>

1 ☐ b) 3 789 500 auf Millionen 3 789 500 ≈ <u>4 000 000</u>

1 ☐ c) 9 640 478 000 auf Milliarden 9 640 478 000 ≈ <u>10 000 000 000</u>

3

Berechne.

1 ☐ 5378 – (45 + 7 · 85) = 5378 – (45 + 595)

1 ☐ = 5378 – 640

1 ☐ = <u>4738</u>

Möglicher Fehler	Trainingsmöglichkeiten	Erledigt am
1 Länge der Balken falsch Beschriftung des Diagramms	Bist du sicher? A1 Pinboard – Natürliche Zahlen	
2 Die falsche Stelle gerundet	KA 1.1 A5; KA 1.2 A6	
3 „Punkt vor Strich" nicht beachtet	KA 3.1 A4, A6, A7	

Punkte:

4

a) Zeichne in das Quadratgitternetz die Punkte A(2 | 1), B(5 | 4), C(6 | 1) und D(3 | 4). — Punkte richtig eingezeichnet — 1 ☐

b) Verbinde die Punkte A und B miteinander und die Punkte C und D.
Was kannst du über den Verlauf der beiden Strecken sagen? — Strecken gezeichnet — 1 ☐

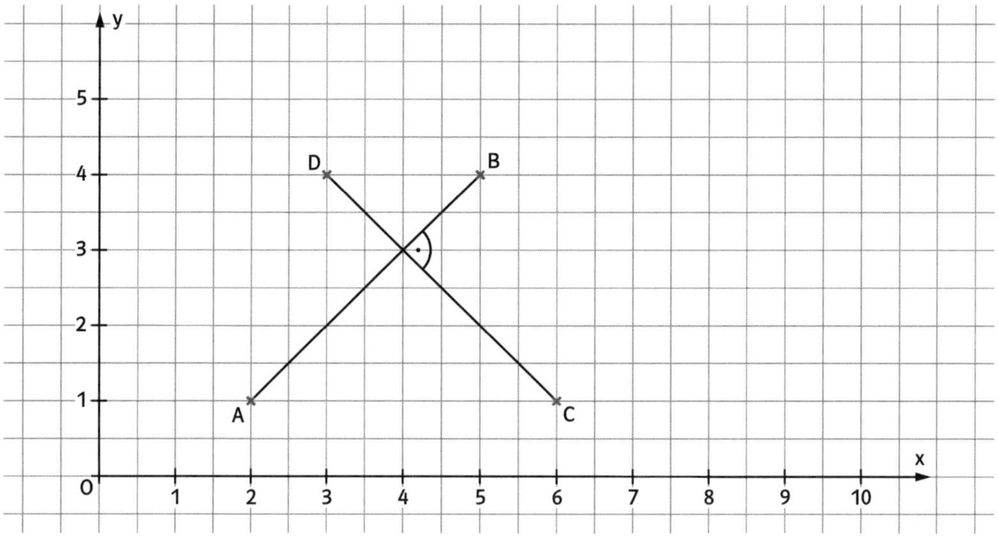

Die Strecken stehen senkrecht zueinander. — richtige Antwort — 2 ☐

5

Zeichne das Schrägbild von zwei nebeneinanderliegenden Quadern.
Ein Quader hat die Seitenlängen 6 cm, 5 cm und 3 cm.

Lage erkannt — 2 ☐

Verkürzung — 1 ☐

gestrichelte Linie — 1 ☐

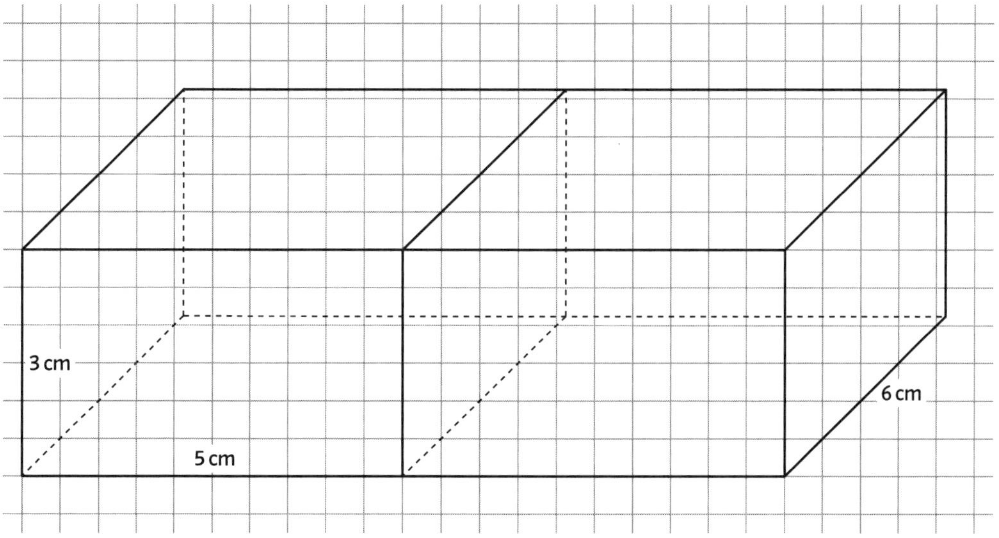

Möglicher Fehler	Trainingsmöglichkeiten	Erledigt am
4 Verwechslung der Rechts- und Hochwerte	KA 4.1, A 1; A 3; KA 4.3, A 3	
5 Lage der Körper nicht erkannt gestrichelte Linien nicht beachtet	KA 5.3, A 6; KA 5.4, A 7 Pinboard Flächen u. Körper	

Jahrgangsarbeit 1 – Lösungen

Punkte:

6

Ein Getränkemarkt bietet zwei Sorten Mineralwasser in Kästen zu je 12 Flaschen an. Der leere Kasten (ohne Flaschen) kostet 1,50 € Pfand. Lucas kauft jeweils zwei Kästen Goldquelle und Silberquelle. Er gibt kein Leergut ab.
Was muss er dafür bezahlen?

Gegeben: Sorte Silberquelle: 0,25 € pro Flasche
Sorte Goldquelle: 0,30 € pro Flasche
Flaschenpfand: 0,15 €
Kistenpfand: 1,50 €

Gesucht: Preis für 2 Kisten Silberquelle und 2 Kisten Goldquelle einschließlich Pfand.

2 ☐ Rechenweg: 2 Kisten Silberquelle: $2 \cdot 12 \cdot 0{,}25\,€ = 6{,}00\,€$
2 Kisten Goldquelle: $2 \cdot 12 \cdot 0{,}30\,€ = 7{,}20\,€$
Flaschenpfand für 4 Kisten: $4 \cdot 12 \cdot 0{,}15\,€ = 7{,}20\,€$
Pfand für 4 Kisten: $4 \cdot 1{,}50\,€ = 6{,}00\,€$
Gesamtkosten: $6{,}00\,€ + 7{,}20\,€ + 6{,}00\,€ + 7{,}20\,€ = 26{,}40\,€$

2 ☐ Antwort: Lucas muss 26,40 € bezahlen.

7

Schreibe als Bruchteil in der nächstgrößeren Maßeinheit.

1 ☐ a) $5\,\text{m} = \frac{5}{1000}\,\text{km}$

1 ☐ b) $3\,\text{min} = \frac{3}{60}\,\text{h}$

1 ☐ c) $8\,\text{h} = \frac{8}{24}\,\text{d}$

Möglicher Fehler	Trainingsmöglichkeiten	Erledigt am
6 falscher Rechenweg	Pinboard Größen / Sachaufgaben	
7 falsche Umformungszahl	KA 7.1, A 4 und 6, KA 7.2, A 7; KA 7.4, A 5	

Gesamtpunktzahl:

☐ von 24

Punkte:

1
Schreibe die Zahl 3 709 800 in Worten.

drei Millionen siebenhundertneuntausendachthundert 2 ☐

2
Wie heißt die kleinste siebenstellige Zahl mit der Ziffernsumme 23?

1 000 499 2 ☐

3
Berechne. Führe vorher einen Überschlag durch.
3 789 408 – 75 450 – 436 280 – 1 482 502

Überschlag:
3 800 000 – 100 000 – 400 000 – 1 500 000 = 1 800 000 2 ☐

Rechnung:

```
  3 789 408
–    75 450
–   436 280
– 1 482 502
  1 795 176
```

2 ☐

4
Schreibe als Term und berechne seinen Wert.
Addiere zur Summe der Zahlen 3450 und 7812 die Differenz der Zahlen 23 680 und 13 099.

Term: (3450 + 7812) + (23 680 – 13 099) 2 ☐

Rechnung: (3450 + 7812) + (23 680 – 13 099)
= 11 262 + 10 581
= 21 843 2 ☐

Möglicher Fehler	Trainingsmöglichkeiten	Erledigt am
1 Rechtschreibfehler	Pinboard Natürliche Zahlen / Große Zahlen	
2 Begriff Ziffernsumme	KA 1.3, A 4; KA 1.4, A 3	
3 schriftliches Subtrahieren Überschlag	KA 2.1, A 4; KA 2.3, A 5	
4 Termbegriffe	KA 2.1, A 1; KA 2.2, A 2; KA 2.3, A 1, KA 2.4, A 3	

Jahrgangsarbeit 2 – Lösungen

Punkte:

5

Schreibe den Rechenausdruck in Worten und berechne seinen Wert.
$34 \cdot 75 - 120 : 8$

2 ☐ In Worten: Subtrahiere den Quotienten der Zahlen 120 und 8 von dem Produkt der Zahlen 34 und 75.

2 ☐ Rechnung: $34 \cdot 75 - 120 : 8$
$= 2550 - 15$
$= 2535$

6

Bauer Ahlers schätzt seine diesjährige Ernte an Zuckerrüben auf etwa 400 t.
Er will die Rüben mit seinem Traktor und zwei Anhängern in die Zuckerfabrik transportieren. Der eine Anhänger darf maximal mit 10 t, der andere mit 7,5 t beladen werden.
Wie oft muss er mindestens zur Fabrik fahren?

Gegeben: Ernteertrag: 400 t
Transportlast: 10 t und 7,5 t; zusammen: 17,5 t
Gesucht: Anzahl der Fahrten

1 ☐ Überschlag: 400 t : 20 t = 20
Es müssen etwas mehr als 20 Fahrten sein.

1 ☐ Rechenweg: 400 t : 17,5 t = 400 000 kg : 17 500 kg = 22 Rest 15 000

1 ☐ Ergebnis: 22 Rest 15 000 kg

1 ☐ Antwort: Herr Ahlers muss mindestens 23-mal zur Zuckerfabrik fahren.

Möglicher Fehler	Trainingsmöglichkeiten	Erledigt am
5 Term Punkt- vor Strichrechnung	siehe A 4 KA 3.1, A 4; KA 3.4, A 3	
6 Falsche Zahlenwerte Rechenfehler	Genau Lesen! KA 3.1, A 1; KA 3.4, A 1	

Punkte:

7

Ergänze zu einem symmetrischen Trapez.

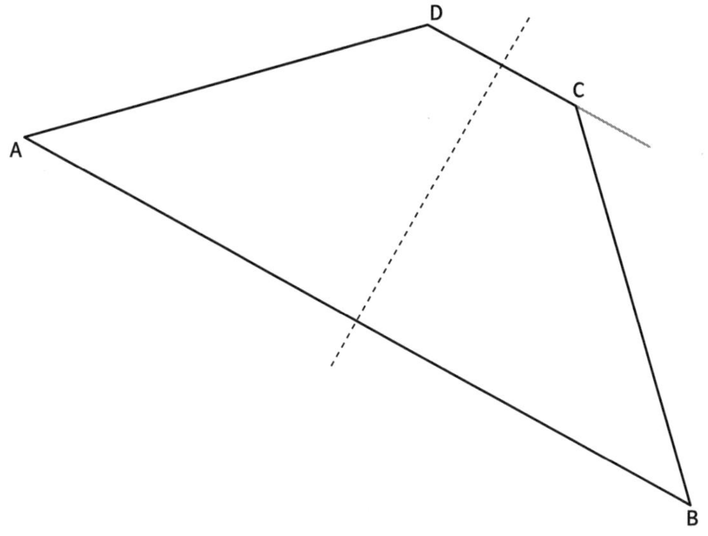

Konstruktionstext:
- *Halbiere mit dem Geodreieck die Strecke $\overline{AB}$ und zeichne die Symmetrieachse ein.*
- *Spiegle den Punkt D an der Symmetrieachse, so erhältst du C.*
- *Zeichne die Strecken $\overline{BC}$ und $\overline{CD}$.*

Lage von C erkannt 1 ☐

genau gezeichnet 1 ☐

8

Rechne jeweils in die nächst größere Einheit um.

a) 340 cm b) 134 min c) 7870 g d) 68 h

a) 340 cm = 34 dm 0,5 ☐

b) 134 min = 2 · 60 min + 14 min = 2 h 14 min 0,5 ☐

c) 7870 g = 7 kg 870 g 0,5 ☐

d) 68 h = 2 · 24 h + 20 h = 2 d 20 h 0,5 ☐

Möglicher Fehler	Trainingsmöglichkeiten	Erledigt am
7 Konstruktionsfehler	KA 5.4, A1	
8 Umformungszahl von Zeiteinheiten	Pinboard Größen/Zeit; KA 6.1, A2	

Gesamt-punktzahl:

☐ von 24